普通高等教育"十四五"规划教材

焊接标准解读与生产应用

主　编　周　岐　辛立军
副主编　张　岩　苏　海　刘伟东
　　　　伍复发　屈　华

北　京
冶金工业出版社
2023

内 容 提 要

本书共 5 章, 分别是焊接标准体系、金属材料标准、焊接材料标准、焊接生产标准与焊接无损检验标准, 选取与焊接工程相关的部分国内外标准进行了介绍、对比解读, 旨在与本科人才培养紧密结合, 完善和提高焊接专业应用型人才培养的教学内容和教学水平, 进一步深化应用型本科焊接专业学生的培养。

本书力求简明扼要, 强调实际应用, 可作为高等学校相关专业的教学用书, 也可供从事焊接生产的技术人员参考使用。

图书在版编目(CIP)数据

焊接标准解读与生产应用/周岐, 辛立军主编. —北京: 冶金工业出版社, 2023.1

普通高等教育"十四五"规划教材

ISBN 978-7-5024-9370-7

Ⅰ.①焊… Ⅱ.①周… ②辛… Ⅲ.①焊接—标准—高等学校—教材 Ⅳ.①TG4-65

中国国家版本馆 CIP 数据核字(2023)第 012588 号

焊接标准解读与生产应用

出版发行	冶金工业出版社	电 话	(010)64027926
地 址	北京市东城区嵩祝院北巷 39 号	邮 编	100009
网 址	www.mip1953.com	电子信箱	service@mip1953.com

责任编辑 李培禄 美术编辑 吕欣童 版式设计 郑小利
责任校对 石 静 责任印制 禹 蕊
三河市双峰印刷装订有限公司印刷
2023 年 1 月第 1 版, 2023 年 1 月第 1 次印刷
787mm×1092mm 1/16; 12.75 印张; 307 千字; 195 页
定价 45.00 元

投稿电话 (010)64027932 投稿信箱 tougao@cnmip.com.cn
营销中心电话 (010)64044283
冶金工业出版社天猫旗舰店 yjgycbs.tmall.com
(本书如有印装质量问题, 本社营销中心负责退换)

前　　言

在当今工业社会，焊接被广泛地应用在压力容器、锅炉、重型机械、核能设备、石油化工、航空航天、船舶、汽车、工程机械、电子产品及家用电器等领域。在《中国制造2025》规划的十大领域中，有八个领域与焊接密切相关，焊接是中国制造体系中不可或缺的重要专业之一。随着工业技术的发展，焊接已经从一种传统的热加工技艺发展到了多门类科学为一体的工程学科。在全球经济一体化的浪潮中，国际制造业的产业结构发生了深刻变化。焊接这个"工业裁缝"更是成为制造业关注的焦点，焊接领域内标准化是"重中之重"，是衡量一个国家科学技术先进程度的重要标志之一。

焊接工程和产业巨大的市场和发展空间对掌握一定焊接生产技术的焊接人才产生了巨大的需求。应用型本科焊接专业的专业教学是在保证学生掌握了一定专业理论知识的前提下，培养学生在焊接生产领域从事技术开发、设计制造、生产的能力和综合素质，使学生成为知识、能力和素质全面协调发展，面向生产、建设、管理和服务一线的高级应用型人才。在实施过程中，必须根据国民经济和地方经济的发展特点，确立专业教学的培养方向和着重点。

焊接专业毕业生在从事焊接工作中，要接触并应用大量的焊接标准，包括国内、国外以及国际标准，而相关标准的理解与运用在目前大学本科学习时并未系统学习，涉及的标准多是毕业生在工作中逐渐学习掌握，严重制约了其职业发展与技术提高，最典型的如不同国家、国际的焊工考试标准与焊接工艺评定标准，这是焊接毕业生从事焊接工作生涯中经常遇到的工作，但焊接工艺评定标准通常只是在"焊接生产管理"课程中简单提到，并未系统学习，而焊工考试标准在焊接专业本科学习中很少涉及，此外，随着全球经济一体化的发展，毕业生在工作中势必会接触到各种国外、国际的焊接标准，而这些标准在现有专业课程中均未安排教学，造成学生在参加工作初期，针对标准进行摸索学习，在一定程度上占用了工作时间，削弱了学生的工作热情和毕业时建立的积极向上的工作态度。

　　基于此，以国际焊接工程师（IWE）培训项目开展为契机，将国际焊接工程师培训与本科人才培养紧密配合，联合哈尔滨焊接培训中心、锦州美联桥汽车部件有限公司、唐山学院机电工程学院共同编写了这本《焊接标准解读与生产应用》，进一步深化应用型本科焊接专业学生的培养。

　　本书由辽宁工业大学出版基金资助出版。

　　在此向所援引文献的作者表示诚挚的感谢。由于编者水平和经验有限，书中难免有错误和不妥之处，敬请读者给予批评指正。

编　者

2022 年 9 月

目　录

1 焊接标准体系

在全球经济一体化的浪潮中，国际制造业的产业结构发生了深刻变化，随着现代工业规模化的生产以及国际贸易的发展，一个国家某行业的标准化水平在很大程度上标志该国此行业的技术实力，国内标准和国外先进标准的交流也日趋频繁。

在工业生产中，焊接有"工业裁缝"之称，因此焊接及相关领域标准化是各个国家重点关注的方面。现在的国内标准（国家和行业标准），大量的等同、等效或部分等效国外的各种先进标准。借鉴、学习、吸收、转化国外的先进经验，对于焊接相关标准的发展与完善，增强工业领域的话语权，对于我国整个工业的发展是十分重要的。

工业发达国家对焊接领域的 ISO 及 AWS、EN 标准予以高度关注，很多发达国家的标准直接转化引用 ISO、AWS、EN 标准。ISO 标准大都和 EN 标准的继承性非常强，相关度很高，而美国标准如 ASTM 自成体系，和前面二者在很多方面有着显著的不同，大家各有千秋。而日本的 JIS 标准体系，相对于前面那些标准在国内的日益推广，相对使用的并不广泛。国外标准，如 ASTM 或 EN 等，各个标准相互协调，各自覆盖不同的区域，例如有的描述通用的检测方法，有的描述具体类别的工件，有的描述验收规则，有的描述检测材料的验收等，进而形成一个完备的体系。

国际焊接工程师（International Welding Engineer，IWE）是 ISO 14731 标准（等同于欧洲标准 EN 719）中所规定的最高层次焊接技术人员和质量监督人员，是与焊接相关企业获得国际产品质量认证的要素之一，可负责结构设计、生产管理、质量保证、研究和开发等各个领域的焊接技术工作，在企业中起着极其重要的作用。

对于国际焊接工程师（IWE）来说，在国际贸易中，势必要根据满足国际或需求方国家的焊接生产相关标准进行指导生产。因此，焊接生产相关标准的学习、掌握和运用在国际贸易中是不容忽视的环节。中国焊接领域标准的转化很大部分都是基于 ISO 及 AWS 焊接标准体系，有进行修改后采用的，也有等同采用的。我们在工作中，因为不同的标准往往具备一定的差异，不能完全的等效。所以，当使用某些标准而且可行时，选择或建议选择相同的标准体系，可以大大降低工作强度。因此，深入了解 GB、ISO 及 AWS 等标准的发展战略及标准化动态，相关标准的体系，能够有力地推动我国焊接标准国际化，推动我国焊接行业与国际接轨。

国内相关的 GB 焊接标准主要由焊接标准化技术委员会（TC55）及全国电焊机标准化技术委员会（TC70）共两个标准化技术委员会负责起草与修订，分别对应 ISO 组织的焊接及相关工艺委员会。

焊接标准化技术委员会（TC55）是国家质量技术监督局下属机构，其秘书处所在单位是哈尔滨焊接研究院有限公司，其业务受国家标准化管理委员会指导，负责全国焊接、钎焊、切割通用工艺技术、试验方法、质量检测以及焊接材料、工艺制备、焊接与切割安全卫生等专业领域标准化工作，其与国际的 ISO/TC44 委员会相对应。TC55 全国焊接标准化技术委员会下设 3 个分委会，分别是 SC1 焊接材料委员会、SC2 钎焊委员会及焊缝试验和检验委员会。全国电焊机标准化技术委员会（TC70）对应 IEC/TC26 及 ISO/TC44/SC6 两个国际分委员会。

国内焊接行业标准体系较为复杂，涉及 JB/T（机械）、NB/T（能源）、HG/T（化工）、CB/T（船舶）、DL/T（电力）、QC/T（汽车）、SY/T（石油天然气）、HB/T（航空）、TB/T（铁路）、JG/T（建筑）、YB/T（黑色冶金）、EJ/T（核工业）等多个类别行业标准。不同类别的行业标准由不同的部门组织制定、批准和发布，这导致行业标准之间通用性差，很多行业之间互相不认可，壁垒严重，各标准之间重复内容较多。

我国新《标准化法》于 2018 年 1 月 1 日起实施，此次修订最大的调整是在标准分类中，除了原有的国家标准、行业标准、地方标准、企业标准以外，增加了团体标准，赋予团体标准法律地位使之成为我国标准序列中的重要组成部分。中国焊接协会在 2016 年就开始着手团体标准系列化的相关工作，中国焊接协会已发布实施 10 余项团体标准，正在大力推进焊接领域团体标准的建设工作，但是目前尚未建立标准化专业机构。

ISO 是 International Organization for Standardization 的简称，成立于 1947 年 2 月 23 日，超过 135 人在瑞士日内瓦的 ISO 中央秘书处全职工作。目前，ISO 组织共有 164 个成员国，786 个技术委员会及分委员会，已发布 22578 个国际标准，国际焊接及相关工艺技术委员会共下设 11 个分技术委员会。

TC44 是 ISO 组织的焊接及相关工艺委员会代号，其英文全称为 Welding and Allied Processes。我国目前以成员身份参加该委员会的活动。

欧洲焊接标准是由欧洲标准委员会 CEN（Comite European de Normalisotion）下属的焊接委员会 TC121 来完成的。而欧洲的焊接培训体系则是由欧洲焊接联合会 EWF（European Welding Federation）来制定的。二者之间既有联系又有区别。欧洲焊接标准是由 CEN TC 121 来完成的，CEN TC121 下设 9 个分委员会 SC1~SC9，它们包括了焊接的各个领域。焊接标准草案主要来源是某一成员国的国家标准，或由某一成员国起草的标准，或者是相应内容的 ISO 标准。标准的草案必须由所有成员国的代表进行协商讨论，最后投票通过。因此可以认为，欧洲标准是一种经多方协商、相互妥协的国际性标准。标准一经投票通过并颁布，则所有成员国必须在 6 个月内予以执行，并且各国原有的相应标准必须停止使用。

美国焊接协会（AWS）成立于 1919 年，是一个非营利性的组织，于 1979 年被美国国家标准协会（ANSI）批准认可成为标准制定组织，其技术委员会名称为 Technical Activities Committee（TAC）。美国焊接协会下属的标准化项目技术委员会分为焊接基础、检验和评定、工艺、工业应用、安全与健康、材料、焊接设备 7 大类别。每种类别下又分若干个技术委员会及分技术委员会。AWS 协会共有 30 个标准化项目技术委员会、116 个分委员会。AWS 分委员会划分的详细程度要高于 ISO TC44。例如，针对焊接材料，ISO TC44 只有一个 SC3 Welding Consumables 分委员会，而 AWS 的委员会下面共计有 19 个分委员会，每个分委员会负责不同种类的填充材料。

此外，其他国家同样有符合自身国情和工业生产水平的焊接标准体系，综上所述，焊接标准种类繁多，但在焊接工作中，还必须接触并应用大量不同的焊接标准，包括国内与国外以及国际标准等指导生产，因此，应以实际生产为主线，对不同种类的焊接标准进行学习。

2 金属材料标准

2.1 碳钢、碳锰钢

碳钢主要是指碳的质量分数小于 2.06% 而不含有特意加入的合金元素的铁碳合金，也称非合金钢，有时也称为普碳钢或碳素钢。

碳钢除含碳外一般还含有少量的硅、锰、硫、磷。国标中，锰的质量分数通常小于 1%，个别碳钢中达 1.2%。欧洲标准中，碳钢中锰的含量极限值为 1.65%，锰单独存在时可达 1.8%。碳钢的性能主要取决于钢的碳含量和显微组织。在退火或热轧状态下，随碳含量的增加，钢的强度和硬度升高，而塑性和冲击韧性下降，焊接性和冷弯性变差。

碳钢中化学成分的作用如表 2-1 所示。

表 2-1　化学成分对碳钢的作用

名　称	元素符号	作　用
碳	C	(1) 提高硬度、抗拉强度、屈服强度、淬透性、耐磨性； (2) 降低韧性、延伸性、深冲性、机加工性、焊接性
锰	Mn	(1) 锰与硫反应生成 MnS，可阻止钢的高温脆断和热裂纹； (2) 锰与氧化合，起到脱氧作用； (3) 锰能提高钢的强度，如 1% 的含量可提高强度 $100N/mm^2$
硅	Si	硅是脱氧的一个重要元素，它比锰的作用还强。它阻止 CO 的产生，从而导致了镇静钢的产生，Si 还可阻止某些元素的偏析
硫	S	(1) 偏析较强（FeS 与 Fe 形成低熔点（985℃）共晶体）； (2) 降低了可焊性； (3) 强度提高，变形能力下降； (4) 增强了易老化性； (5) 改善了"软"钢的可加工性； (6) 改善了抗腐蚀性（耐候钢）
磷	P	(1) 偏析较强； (2) 降低了可焊性； (3) 强度提高，变形能力下降； (4) 增强了易老化性； (5) 改善了"软"钢的可加工性； (6) 改善了抗腐蚀性（耐候钢）

碳钢及碳锰钢一般是在热轧、正火或调质状态下供货，通过非热处理轧制或热处理状态供货，可以使钢在化学成分不改变的情况下得到不同的室温组织，达到改善钢的力学性能的目的。如碳钢（$w(C) = 0.45\%$）在热轧状态下得到的是粗大的珠光体+铁素体组织，

在正火状态下得到的是均匀细小的珠光体+铁素体组织，在调质状态下得到的是马氏体或索氏体或托氏体，从而钢的强度、硬度及韧性会大不一样。

2.1.1   碳钢的分类及质量

碳钢按冶炼方法、脱氧方法、碳含量和质量不同而有不同的分类。

按冶炼方法分为平炉钢、转炉钢、电炉钢。

按脱氧方法分为沸腾钢（F）、镇静钢（b，0.15%Si 和少量的 Mn、Al）、特殊镇静钢（Z，0.2%Si 及 0.02%的 Mn、Al）。

按碳含量分为低碳钢（$w(C) \leqslant 0.25\%$）、中碳钢（$w(C) = 0.25\% \sim 0.6\%$）、高碳钢（$w(C) > 0.6\%$）。

按钢的质量分为普通碳素钢（含磷、硫较高）、优质碳素钢（含磷、硫较低）、高级优质钢（含磷、硫更低）、特级优质钢。

在 EN 10204 标准中对不同种类的材料质量证书做了规定，见表 2-2。

表 2-2   材料质量证书规定（EN 10204）

编号	证书	检验类别	质量证书内容	供货条件	认 可
2.1	材质单	一般	检验结果无要求	按订货条件或官方规定及相应的技术规程	生产厂家
2.2	材质证书	一般	对产品检验结果有要求，但并不一定与供货条件有关		
2.3	检验证明	特殊	若需要的话，进行特殊检验		
3.1.A	验收检验证明			按官方规定及相应的技术规程	官方指定的主管机构
3.1.B	验收检验证明			按订货条件或官方规定及相应的技术规程	受生产厂家委托的主管机构
3.1.C	验收检验证明			按订货条件	受订货方委托的主管机构
3.2	验收检验记录				受厂家及用户共同委托的主管机构

2.1.2   常用碳钢及标记

我国碳钢标准为 GB/T 700（碳素结构钢）、GB/T 699（优质碳素结构钢），而根据碳钢材料制成的型材类别涉及的制造标准比较繁多，如国标 GB 12459、GB/T 13401，行业标准 SH 3408、SH 3409、HG/T 21635、HG/T 21631 以及电力、石油等行业标准。欧洲相关的标准有无特殊要求的碳钢焊接管（DIN1615）、具有特殊要求的碳钢焊接管和无缝管（EN 10217 和 EN 10216）、具有较高特殊要求的碳钢焊接管和无缝管（DIN1630 和 DIN1628）、可燃性液体和气体长途管道用钢管（EN 10208 T2）、普通结构钢的焊接管和无缝管（EN 10210）、结构钢冷制空心型材（EN 10219）等。

国内普通碳素结构钢的牌号标记由代表屈服点的字母 Q、屈服点数值、质量等级符号、脱氧方法符号等 4 部分按顺序组成。

例如：Q235AF。其中：A、B、C、D 表示 4 个质量等级，由 A 到 D 质量等级依次增高；用 F、b、Z、TZ 表示脱氧方法，字母"F"表示沸腾钢，字母"b"表示半镇静钢，"Z"表示镇静钢，"TZ"表示特殊镇静钢，但一般镇静钢和特殊镇静钢不注符号。

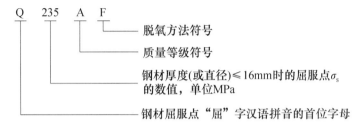

新旧标准牌号对照见表 2-3。

表 2-3　普通碳素结构钢新旧标准牌号对照表

GB/T 700—1988（新）	GB/T 700—1979（旧）	GB/T 700—1988（新）	GB/T 700—1979（旧）
Q195	1 号钢	Q255A 级 B 级	A4 C4
Q215A 级 B 级	A2 C2	Q275	C5
Q235A 级 B 级 C 级、D 级	A3 C3		

优质碳素结构钢的牌号由两位阿拉伯数字和随其后加注的规定符号表示，例如，08F、45、20A、70Mn、20g 等。牌号中的两位阿拉伯数字，表示以万分之几计算的平均碳的质量分数，例如"45"表示这种钢的平均碳的质量分数为 0.45%；在阿拉伯数字之后标注的符号"F"表示沸腾钢，"b"表示半镇静钢，镇静钢不标注符号；在阿拉伯数字之后标注的符号"Mn"表示钢中锰的质量分数较高，达到 0.7%~1.0%，普通锰含量的钢不标注符号；在阿拉伯数字之后标注符号"A"，表示是高级优质钢，钢中硫的质量分数小于 0.03%，磷的质量分数小于 0.035%；在阿拉伯数字之后的标注符号表示是专门用途钢，其中"g"表示是锅炉用钢，"R"表示是压力容器用钢，"DR"表示是低温压力容器用钢等。

欧洲标准（EN 10025-2：2004）包含了对热轧的普通碳钢及优质碳钢的要求，说明了 8 种钢材组别 S185、S235、S275、S355、S450、E295、E335 和 E360。其在力学性能上有所不同。

不同的等级在其所要求的冲击功上不同。钢材组别为 S235 和 S275 的质量等级是 JR、J0 和 J2。钢材组别为 S355 的质量等级是 JR、J0、J2 和 K2。钢材组别为 S450 的质量等级是 J0。

EN 10025-2 标准中，钢材的标记主要由"主要符号部分+附加符号部分"两部分组成：

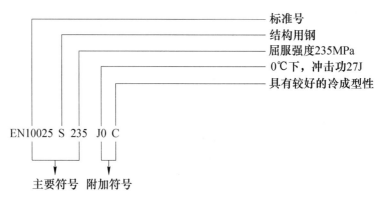

其中，主要符号部分包括标准号（EN 10025-2）；标记 S（结构钢）或者 E（机器制造用钢）；厚度≤16mm 的最低屈服强度的标识，用 MPa 表示。

附加符号部分，在适用的情况下，标记为关于冲击功数值的等级标记（见表2-4）；如果适用，表示特殊要求的附加标记"C"或标明"+N 或者+AR"。

表 2-4　冲击功数值的等级

组　别	JR	J0	J2G3	J2G4	K2G3	K2G4
热处理状态	无规定	无规定	N	无规定	N	无规定
冲击温度/℃	+20	0	−20	−20	−20	−20
冲击功/J	27	27	27	27	40	40

注：G3—特殊镇静钢，热处理状态，正火；G4—比例热处理，与客户协商的热处理状态。

例如，一种适于冷弯边（C）的结构钢（S），其在室温条件下的最低屈服强度为 355MPa，在 0℃（J0）条件下的最低冲击功为 27J，供货状态为正火轧制（或者轧制状态），则其标记为：

　　EN 10025-2 S355J0C+N（或者+AR）　或　EN 10025-2 1.0554+N（或者+AR）

EN 10025-2 标准中，通过熔样分析（盛钢桶炉前熔炼分析）所得到的化学成分值应符合表 2-5 中给出的规定范围。订货时如有特殊要求应进行产品分析。基于熔样分析的 CEV 最大值见表 2-6，力学性能要求见表 2-7 和表 2-8。

例如：铜含量值要求在熔样分析中介于 0.25%～0.40% 之间，产品分析中介于 0.20%～0.45% 之间。对于所有的 S235、S275 和 S355 的等级时应该在订货时达成协议，在这种情况下碳当量的最大值应该增加 0.02%。

表 2-5　平板和长形产品熔样分析的化学成分

标　记		还原方法	化学成分（最大值）/%									
			名义产品厚度/mm			Si	Mn	P	S	N	Cu	其他
EN 10027-1 和 CR 10260	根据 EN 10027-2		≤16	>16 ≤40	>40							
S235JR	1.0038	FN	0.17	0.17	0.20	—	1.40	0.035	0.035	0.012	0.55	—
S235J0	1.0114	FN	0.17	0.17	0.17	—	1.40	0.030	0.030	0.012	0.55	—

续表 2-5

标　记		还原方法	化学成分（最大值）/%									
EN 10027-1 和 CR 10260	根据 EN 10027-2		名义产品厚度/mm			Si	Mn	P	S	N	Cu	其他
			≤16	>16 ≤40	>40							
S235J2	1.0117	FF	0.17	0.17	0.17	—	1.40	0.025	0.025	—	0.55	—
S275JR	1.0044	FN	0.21	0.21	0.22	—	1.50	0.035	0.035	0.012	0.55	—
S275J0	1.0143	FN	0.18	0.18	0.18	—	1.50	0.030	0.030	0.012	0.55	—
S275J2	1.0145	FF	0.18	0.18	0.18	—	1.50	0.025	0.025	—	0.55	—
S355JR	1.0045	FN	0.24	0.24	0.24	0.55	1.60	0.035	0.035	0.012	0.55	—
S355J0	1.0553	FN	0.20	0.20	0.22	0.55	1.60	0.030	0.030	0.012	0.55	—
S355J2	1.0577	FF	0.20	0.20	0.22	0.55	1.60	0.025	0.025	—	0.55	—
S355K2	1.0596	FF	0.20	0.20	0.22	0.55	1.60	0.025	0.025	—	0.55	—
S450J0	1.0590	FF	0.20	0.20	0.22	0.55	1.70	0.030	0.030	0.025	0.55	Ni≤0.06 V≤0.15 Ti≤0.06

表 2-6　基于熔样分析的 CEV 最大值

标　记		还原方法[1]	CEV 最大值/%				
根据 EN 10027-1 和 CR 10260	根据 EN 10027-2		名义产品厚度/mm				
			≤30	>30 ≤40	>40 ≤150	>150 ≤250	>250 ≤400
S235JR	1.0038	FN	0.35	0.35	0.38	0.40	—
S235J0	1.0114	FN	0.35	0.35	0.38	0.40	—
S235J2	1.0117	FF	0.35	0.35	0.38	0.40	0.40
S275JR	1.0044	FN	0.40	0.40	0.42	0.44	—
S275J0	1.0143	FN	0.40	0.40	0.42	0.44	—
S275J2	1.0145	FF	0.40	0.40	0.42	0.44	0.44
S355JR	1.0045	FN	0.45	0.47	0.47	0.49[2]	—
S355J0	1.0553	FN	0.45	0.47	0.47	0.49[2]	—
S355J2	1.0577	FF	0.45	0.47	0.47	0.49[2]	0.49
S355K2	1.0596	FF	0.45	0.47	0.47	0.49[2]	0.49
S450J0[3]	1.0590	FF	0.47	0.49	0.49	—	—

①FN—镇静钢；FF—特别镇静钢。

②长形产品使用 0.54% 的最大值。

③只适用于长形产品。

表 2-7　板形和长形产品在室温条件下的力学性能

标记		屈服强度 R_{eH}(最低值)/MPa									抗拉强度 R_m[1]/MPa				
根据 EN 10027-1 和 CR 10261	根据 EN 10027-2	名义厚度/mm									名义厚度/mm				
		≤16	>16 ≤40	>40 ≤63	>63 ≤80	>80 ≤100	>100 ≤150	>150 ≤200	>200 ≤250	>250 ≤400[2]	<3	≥3 ≤100	>100 ≤150	>150 ≤250	>250 ≤400[2]
S235JR	1.0038	235	225	215	215	215	195	185	175	—	360~510	360~510	350~500	340~490	—
S235J0	1.0114	235	225	215	215	215	195	185	175	—	360~510	360~510	350~500	340~490	—
S235J2	1.0117	235	225	215	215	215	195	185	175	165	360~510	360~510	350~500	340~490	330~480
S275JR	1.0044	275	265	255	255	235	225	215	205	—	430~580	410~560	400~540	380~540	—
S275J0	1.0143	275	265	255	255	235	225	215	205	—	430~580	410~560	400~540	380~540	—
S275J2	1.0145	275	265	255	255	235	225	215	205	195	430~580	410~560	400~540	380~540	380~540
S355JR	1.0045	355	345	335	325	315	295	285	275	—	510~680	470~630	450~600	450~600	—
S355J0	1.0553	355	345	335	325	315	295	285	275	—	510~680	470~630	450~600	450~600	—
S355J2	1.0557	355	345	335	325	315	295	285	275	265	510~680	470~630	450~600	450~600	450~600
S355K2	1.0596	355	345	335	325	315	295	285	275	265	510~680	470~630	450~600	450~600	450~600
S450J0[3]	1.0590	450	430	410	390	380	380	—	—	—	550~720	550~720	530~700	—	—

标记		断裂后伸长率的最低百分比/%											
根据 EN 10027-1 和 CR 10260	根据 EN 10027-2	试件位置[1]	$L=80$mm 时名义厚度/mm					$L_0=5.65\sqrt{S_0}$ 时名义厚度/mm					
			≤1	>1 ≤1.5	>1.5 ≤2	>2 ≤2.5	>2.5 <3	<3 ≤40	>40 ≤63	>63 ≤100	>100 ≤150	>150 ≤250	>250 ≤400[4]
S275JR	1.0044	l	15	16	17	18	19	23	22	21	19	18	—
S275J0	1.0143	—	—	—	—	—	—	—	—	—	—	—	—
S275J2	1.0145	t	13	14	15	16	17	21	20	19	—	—	18(l,t)
S355JR	1.0045	l	14	15	16	17	18	22	21	20	18	17	—
S355J0	1.0553	—	—	—	—	—	—	—	—	—	—	—	—
S355J2	1.0577	t	—	—	—	—	—	—	—	—	—	—	17(l,t)
S355K2	1.0596	l	12	13	14	15	16	20	19	18	18	17	17(l,t)
S450J0	1.0590	l	—	—	—	—	17	17	17	17	17	—	—

①宽度大于等于 600mm 的板、薄板和宽板，采用横向(t)轧制。其他产品采用的方向与轧制方向平行(l)。

②适用于板状产品的数值。

③只适用于长形产品。

④仅对 J2 和 K2。

表 2-8 板形和长形产品不同温度下的最低冲击功

标 记		温度/℃	最低冲击功/J		
根据 EN 10027-1 和 CR 10260	根据 EN 10027-2		≤150[①②]	>150 ≤250[②]	>250 ≤400[③]
S235JR	1.0038	20	27	27	—
S235J0	1.0114	0	27	27	—
S235J2	1.0117	−20	27	27	27
S275JR	1.0044	20	27	27	—
S275J0	1.0143	0	27	27	—
S275J2	1.0145	−20	27	27	27
S355JR	1.0045	20	27	27	—
S355J0	1.0553	0	27	27	—
S355J2	1.0577	−20	27	27	27
S355K2	1.0596	−20	40[④]	33	33
S450J0[⑤]	1.0590	0	27	—	—

①名义厚度≤12mm 的数据见 EN 10025-1：2004 中 7.3.2.1。

②名义厚度>100mm 的型材数值经协商决定。

③适用于板状产品的数值。

④−30℃数值为 27J。

⑤只适用于长形产品。

2.1.3 调质碳钢及碳锰钢

利用调质、正火或其他附加方法使钢的表面处于硬化状态，这类钢多应用于曲轴、连杆、齿轮、销钉等机器零件，既有强度又有韧性，屈强比为 0.7~0.95。钢材表面淬硬层的深度主要取决于合金元素如 Cr、Mo、Ni、V、Mn、B 等的含量。国标常用调质钢见表 2-9，欧洲标准与 ISO 683-1：1987 标准比较见表 2-10。

表 2-9 常用国标调质钢

类 别	代表钢种	特点及用途
中碳钢	30、35、40、45、ML30、ML35、ML40、ML45	有较稳定的室温性能。用于中小结构件、紧固件、传动轴、齿轮等
锰钢	40Mn2、50Mn2	有过热敏感性、高温回火脆性，水淬易开裂，淬透性较碳钢高
硅锰钢	35SiMn、42SiMn	疲劳强度高，有脱碳和过热敏感性及回火脆性。用于制造中速、中高等负荷但冲击不大的齿轮、轴、转轴、连杆、蜗杆等，也可制造 400℃以下紧固件
硼钢	40B、45B、50BA、ML35B	淬透性高，综合力学性能高于碳钢，与 40Cr 相当。用于制造截面尺寸不大的零件、紧固件等

续表 2-9

类　别	代表钢种	特点及用途
锰硼钢	40MnB、45Mn2B、ML35MnB	淬透性稍高于 40Cr，高的强度、韧性及低温冲击韧性，有回火脆性。40MnB 常用来代替 40Cr 制造大截面零件，代替 40CrNi 制造小件；45MnB 代替 40Cr、45Cr；45Mn2B 代替 45Cr 和部分代替 40CrNi、45CrNi 做重要的轴，也有 ML35MnB 用于紧固件生产
锰钒硼钢	20MnVB、40MnVB	调质性能和淬透性优于 40Cr，过热倾向小，有回火脆性。常用来代替 40Cr、45Cr、38CrSi、42CrMo 及 40CrNi 制造重要的调质件，也有用中小规格 10.9 级以下螺栓的
锰钨硼钢	40MnWB	良好的低温冲击性能，无回火脆性。与 35CrMo、40CrNi 相当，用于制造 70mm 以下的零件
硅锰钼钨钢	35SiMn2MoW	有较高的淬透性，以 50% 马氏体计算，水淬直径 180mm，油淬直径 100mm；淬裂倾向、回火脆性倾向小；具有高强度和高韧性。可代替 35CrNiMoA、40CrNiMo，用于制造大截面、重负荷的轴、连杆及螺栓
硅锰钼钨钒钢	37SiMn2MoWVA	水淬直径 100mm，油淬直径 70mm；良好的回火稳定性、低温冲击韧性，较高的高温强度，回火脆性也较小。用于制造大截面的轴类零件
铬钢	40Cr、ML40Cr	淬透性较好，水淬直径 28~60mm，油淬直径 15~40mm；较高的综合力学性能，良好的低温冲击韧性，低的缺口敏感性，有回火脆性。用于制造轴、连杆、齿轮及螺栓
铬硅钢	38CrSi	淬透性优于 40Cr，强度和低温冲击较高，回火稳定性较好，回火脆性倾向较大。常用于制造 30~40mm 的轴、螺栓以及模数不大的齿轮
铬钼钢	30CrMoA、42CrMo、ML30CrMo、ML42CrMo	水淬直径 30~55mm，油淬直径 15~40mm；高的室温力学性能和较高的高温强度，良好的低温冲击；无回火脆性。用于制造截面较大的零件，高负荷的螺栓、齿轮及 500℃ 以下的法兰盘、螺栓；400℃ 以下的导管、紧固件。42CrMo 淬透性较 30CrMoA 高，用于制造强度更高、截面更大的零件
铬锰钼钢	40CrMnMo	油淬直径 80mm，具有较高的综合力学性能，回火稳定性好。用于制造截面较大的重负荷齿轮及轴类零件
锰钼钒钢	30Mn2MoWA	具有良好的淬透性：水淬直径达到 150mm，心部组织为上、下贝氏体加少量马氏体；油淬直径 70mm，心部为 95% 以上的马氏体；良好的低温冲击韧性，低的缺口敏感性及较高的疲劳强度。用于制造 80mm 以下的重要件
铬锰硅钢	30CrMnSiA	水淬直径 40~60mm（95% 的马氏体），油淬直径 25~40mm；强度、冲击韧性高，有回火脆性。用于制造高压鼓风机叶片、阀板、离合器摩擦片、轴及齿轮等
铬镍钢	40CrNi、45CrNi、30CrNi3A	水淬直径达到 40mm，油淬直径 15~25mm；良好的综合力学性能，良好的低温冲击韧性，回火脆性倾向小。30CrNi3A 淬透性较高，综合力学性能好，有白点敏感性和回火脆性。用于制造截面较大的曲轴、连杆、齿轮、轴及螺栓等

类 别	代表钢种	特点及用途
铬镍钼钢	40CrNiMoA	具有优良的综合力学性能，低温冲击韧性高，缺口敏感性低，无回火脆性。用于制造较大的曲轴、轴、连杆、齿轮、螺栓及其他受力较大、形状复杂的零件
铬镍钼钒钢	45CrNiMoVA	强度高，回火稳定性好，油淬直径达到 60mm（95%马氏体）。用于制造振动载荷下的重型汽车弹性轴及扭力轴等

表 2-10　调质钢欧洲标准与 ISO 683-1：1987 标准比较（节选）

EN 10083-1	ISO 5831-1：1987	德 国 标 准	
		钢号	材料号
C22E	—	Ck22	1.1151
C22R	—	Cm22	1.1149
C25E	C25E4	Ck25	1.158
C25R	C25M2	Cm25	1.163
C30E	C30E4	Ck30	1.1178
C30R	C30M2	Cm30	1.1179
C35E	C35E4	Ck35	1.1181
C35R	C35M2	Cm35	1.1180
C40E	C40E4	Ck40	1.1186
C40R	C40M2	Cm40	1.1189
28Mn6	28Mn6	28Mn6	1.1170
38Cr2	—	38Cr2	1.7003
38CrS2	—	38CrS2	1.7023
46Cr2	—	46Cr2	1.7006
46CrS2	—	46CrS2	1.7025
34Cr4	34Cr4	34Cr4	1.7033
34CrS4	34CrS4	34CrS4	1.7037
37Cr4	37Cr4	37Cr4	1.7034
37CrS4	37CrS4	37CrS4	1.7038
25CrMo4	25CrMo4	25CrMo4	1.7218
25CrMoS4	25CrMoS4	25CrMoS4	1.7213
34CrMo4	34CrMo4	34CrMo4	1.7220
34CrMoS4	34CrMoS4	34CrMoS4	1.7226
50CrMo4	50CrMo4	50CrMo4	1.7228
36CrNiMo4	36CrNiMo4	36CrNiMo4	1.6511
51CrV4	51CrV4	51CrV4	1.8159

2.2　细晶粒结构钢

细晶粒结构钢热处理主要是为了强化和改善韧性，其处理方式主要是正火处理（正火钢）和调质处理（调质钢）两种。

正火的目的是使碳、氮化合物以细小的质点从固溶体中析出，起到沉淀强化作用，同时又起到细化晶粒作用。调质的目的在于获得回火马氏体或贝氏体组织，使钢得以强化。低碳（$w(C)<0.2\%$）时，回火马氏体具有最佳的综合性能，而贝氏体次之，强度高、韧性好。

国内焊接生产中的合金结构钢大致分为两大类，一类是强度用钢，另一类是专用钢。

强度用钢即通常所说的高强钢，根据这类钢的屈服点级别及热处理状态一般分为三种类型：热轧正火钢、低碳调质钢和中碳调质钢。凡是屈服点为 294～490MPa 的低合金高强钢，都称为热轧正火钢；凡是屈服点为 441～980MPa 的低合金钢，是一种热处理强化钢，一般在调质状态下使用，称低碳调质钢；热轧正火钢和低碳调质钢都是低合金结构钢。屈服点为 880～1176MPa 的热处理强化钢，其碳含量大于 0.3%，一般要在退火状态下进行焊接，称为中碳调质钢。生产中常用的强度用钢见表 2-11。专用钢根据不同的使用性能大致分为三种：珠光体耐热钢、低温钢和低合金耐蚀钢。

表 2-11　强度用钢的分类

类　别	屈服强度/MPa	钢种牌号示例
热轧及正火钢	295～490	Q295（09MnV、09Mn2、09MnNb、12Mn） Q345（12MnV、14MnNb、16Mn、16MnRE、18Nb） Q390（15MnV、15MnTi、16MnNb）
低碳调质钢	441～980	HQ60、HQ70、HQ80C、HQ100、15MnMoVN、14MnMoNbB、 12Ni3CrMoV、10Ni5CrMoV、20MnMoNb
中碳调质钢	490～1760	30CrMnSiA、30CrMnSiNi2A、40CrMnSiMoVA、40Cr、 35CrMoA、35CrMoVA、34CrNi3MoA

低合金高强度结构钢的牌号由代表屈服点的汉语拼音字母（Q）、屈服点数值、质量等级符号（A、B、C、D、E）三个部分按顺序排列。

例如：Q390-A，其中：Q 为钢材屈服点的"屈"字汉语拼音的首位字母；数字 390 为屈服点数值，单位为 MPa；A、B、C、D、E 分别为质量等级符号，从 A 到 E 质量等级依次增高。

低合金高强度结构钢新旧标准牌号对照见表 2-12。

表 2-12　低合金高强度结构钢新旧标准牌号对照表

GB/T 1591—1994 规定牌号	GB/T 1591—1988 规定牌号
Q295	09MnV、09MnNb、09Mn2、12Mn
Q345	12MnV、14MnNb、16Mn、16MnRE、18Nb
Q390	15MnV、15MnTi、16MnNb
Q420	15MnVN、14MnVTiRE
Q460	—

合金钢的牌号分两部分：第一部分是用两位阿拉伯数字表示钢中平均碳的质量分数（以万分之几计），当平均碳的质量分数<0.1%时，在牌号首部标注"0"，当平均碳的质量分数≤0.03%时，在牌号首部标注"00"。第二部分由元素符号和元素符号后面的数字组成，元素符号表示所含的合金元素，数字表示合金元素的平均质量分数（以百分之几计），当该元素的平均质量分数<1.50%时，牌号中只标注元素的符号，不标注元素的含量，当该元素的平均质量分数为1.50%~2.49%、2.50%~3.49%、…、22.50%~23.49%、…时，相应标注2、3、…、23、…。高级优质钢牌号的尾部加注符号"A"。

例如：25Cr2MoVA牌号中25表示平均碳的质量分数为0.25%；Cr2表示铬的平均质量分数在1.50%~2.49%的范围内；Mo表示钼的平均质量分数<1.50%；V表示钒的平均质量分数<1.50%；A表示该钢是高级优质钢。

而按照EN ISO 643规定，细晶粒钢根据其热处理状态可分为三类，对应标准分别为正火细晶粒结构钢（标准EN 10025-3）、热机械轧制细晶粒结构钢（标准EN 10025-4）、调质细晶粒结构钢（标准EN 10025-6）。

2.2.1 正火细晶粒结构钢

2.2.1.1 主要类别

按照EN 10020进行分类，此标准中的钢级别S275和S355为非合金普通钢，S420和S460为合金特种钢。

此标准中说明了四种钢级别S275、S355、S420和S460。所有的钢级别按照咨询和订货时的说明供货，即供货条件如下：

（1）在不低于-20℃的温度下按照所说明的最低冲击功数值，标记N；

（2）在不低于-50℃的温度下按照所说明的最低冲击功数值，标记NL。

2.2.1.2 标记

正火细晶粒结构钢的标记包含标准号、标记、屈服强度、供货条件以及冲击性能等。其中：标准号为"EN 10025-3"；标记"S"代表结构钢；"S"后面的数字代表厚度≤16mm的最低屈服强度的标识，用MPa表示；供货条件按咨询和订货时的说明标记为"N"或"NL"，大写字母L用于表示在温度不低于-50℃时按照所说明的最低冲击功数值的性质。

例如，在室温条件下根据最低屈服强度355MPa轧制的正火结构钢（S），在-50℃条件下的最低冲击功数值，则标记为：

EN 10025-3 S355 NL 或 EN 10025-3 1.0546

2.2.2 调质细晶粒结构钢

2.2.2.1 主要类别

EN 10025-6（2004）中这些钢是作为热轧钢板和热轧宽板来使用的，对于钢种S460、S500、S550、S620和S690板厚为3~150mm，对于钢种S890最大厚度为100mm，对于钢种S960最大厚度为50mm，这些均是在调质状态，最低屈服极限由460~960N/mm²。

此标准说明了7种钢材级别。在室温条件下其最低屈服强度有所不同。所有的级别在咨询和订货时按照下述的质量说明供货：

（1）无标记，表示在不低于-20℃的温度下按照所说明的最低冲击功数值；

（2）标记 L，表示在不低于-40℃的温度下按照所说明的最低冲击功数值；

（3）标记 L1（不包括 S960），表示在不低于-60℃的温度下按照所说明的最低冲击功数值。

2.2.2.2　标记

标记应该符合 EN 10025-1 的要求规定，包括标准号、标记、最低屈服强度值、供货条件及冲击性能等组成。其中：标准号为 EN 10025-6；标记 S（结构钢）；厚度≤50mm 的最低屈服强度的标识，用 MPa 表示；供货条件 Q；大写字母 L 或者 L1 用于在不低于-40℃或者-60℃的温度下的最低冲击功数值。

例如：结构钢（S）在室温条件下的最低屈服强度为 460MPa，调质供货（Q）质量为 L，则标记为：

EN 10025-6 S460QL　　或　　EN 10025-6 1.8906

2.2.3　热机械轧制细晶粒结构钢

热机械轧制细晶粒结构钢是在钢的 Ac_3 或 $Ac_1 \sim Ac_3$ 温度区间形变，然后冷却至 550℃以上，再空冷获得铁素体-珠光体或贝氏体组织。目的是提高钢材的强韧性和获得合理的综合性能，并能够降低合金元素含量和碳含量，节约贵重的合金元素，降低生产成本。

此标准中说明了 4 种钢级别 S275、S355、S420 和 S460。所有的钢材级别按照咨询和订货时的说明供货：

（1）在不低于-20℃的温度下按照所说明的最低冲击功数值，标记 M；

（2）在不低于-50℃的温度下按照所说明的最低冲击功数值，标记 ML。

标记按 EN 10025-1 中的规定，包括标准号、标记、最低屈服强度值、供货条件及冲击性能等组成。其中：标准号为 EN 10025-4；标记"S"代表结构钢；厚度≤16mm 的最低屈服强度的标识，用 MPa 表示；供货条件 M；大写字母 L 用于表示在温度不低于-50℃下按照所说明的最低冲击功数值的性质。

例如：在室温条件下根据最低屈服强度 355MPa 热机械轧制结构钢（S），在-50℃条件下的最低冲击功数值，则标记为：

EN 10025-4-S 355 ML　　或　　EN 10025-4-1.8834

2.3　耐候钢

耐候钢是指由普通碳钢添加少量合金元素，如 Cu、P、Cr、Ni、Mo 等，使其在大气中具有良好耐腐蚀性能的低合金钢。

EN 10020 标准中所有的钢材级别按照合金分类特殊钢种，此标准中规定了钢级别 S235 和 S355（见表 2-13），其力学性能有所区别。钢材级别在 J0、J2、K2 条件下供货，质量在说明冲击功要求时有所区别。级别 S355 被分成等级 W 和 WP，其主要区别在 C 和 P 的含量（见表 2-14）以及实用性上。

表 2-13 抗大气腐蚀钢材的力学性能

标　记		最低屈服强度 R_{eH}/MPa [1] 名义厚度/mm						抗拉强度 R_m/MPa [1] 名义厚度/mm			试件位置[2]	断裂后最低伸长率 A/% L_0=80mm 时 名义厚度/mm				L_0=5.56mm 时 名义厚度/mm		
按照 EN 10027-1 和 CR 10260	按照 EN 10027-2	≤16	>16 ≤40	>40 ≤63	>63 ≤80	>80 ≤100	>100 ≤150	≤3	>3 ≤100	>100 ≤150		>1.5 ≤2	>2 ≤2.5	>2.5 ≤3	>3 ≤40	>40 ≤63	>63 ≤100	>100 ≤150
S235J0W	1.8958	235	225	215	215	215	195	360~510	360~510	350~500	l	19	20	21	26	25	24	22
S235J2W	1.8961										t	17	18	19	24	23	22	22
S355J0WP	1.8945	355	345	—	—	—	—	510~680	470~630[3]	—	l	16	17	18	22	—	—	—
S355J2WP	1.8946										t	14	15	16	20	—	—	—
S355J0W	1.8959	355	345	335	325	315	295	510~680	470~630	450~600	l	16	17	18	22	21	20	18
S355J2W	1.8965										t	14	15	16	20	19	18	18
S355K2W	1.8967										—	—	—	—	—	—	—	—

①1MPa＝1N/mm²。

②宽度≥600mm 的板、带钢和宽板钢,采用横向(t)轧制,其他产品采用的方向与轧制方向平行(l)。

③平板产品:操作最高达到40mm;长形产品:操作最高达到40mm。

表 2-14 抗大气腐蚀钢材熔样分析的化学成分

化学成分/%

标　记		脱氧方法①	C (最大值)	Si (最大值)	Mn	P② 最大值	S② (最大值)	N (最大值)	氮化物形成元素③	Cr	Cu	其他
按照 EN 10027-1 和 CR 10260	按照 EN 10027-2											
S235J0W	1.8958	FN	0.13	0.40	0.20~0.60	0.035	0.035	0.009④⑦	—	0.40~0.80	0.25~0.55	⑤
S235J2W	1.8961	FF				0.030	0.030	—	是			⑤

续表 2-14

标记		脱氧方法①	化学成分/%									
按照 EN 10027-1 和 CR 10260	按照 EN 10027-2		C (最大值)	S (最大值)	Mn	P②	S② (最大值)	N (最大值)	氮化物形成元素③	Cr	Cu	其他
S355J0WP	1.8945	FN	0.12	0.75	最大值 1.0	0.06~0.15	0.035	—	—	0.30~1.25	0.25~0.55	⑤
S355J2WP	1.8946	FF	0.12	0.75			0.030	—	是			⑤
S3555J0W	1.8959	FN	0.16	0.50	0.50~1.50	最大值 0.035	0.035	0.009④⑦	—	0.40~0.80	0.25~0.55	⑤⑥
S35552W	1.8965	FF	0.16	0.50		最大值 0.030	0.030	—	是			⑤⑥
S355K2W	1.8967	FF	0.16	0.50		最大值 0.030	0.030	—	—			⑤⑥

① FN—非沸腾钢; FF—特殊镇静钢。
② 长形产品 P 和 S 含量为 0.005%或更高。
③ 钢材中应该包含至少一种下列元素: Al 总含量 0.020%, Nb 含量 0.015%~0.060%, V 含量 0.02%~0.12%, Ti 含量 0.02%~0.10%, 如果元素联合使用, 则至少有一种元素有最低含量。
④ 每增加 0.001%的 N, 则 P 含量的最大值将减小 0.005%; 熔样分析中的 N 含量应不超过 0.012%。
⑤ 钢材中的 Ni 含量最大值为 0.65%。
⑥ 钢材应包含最大值 0.30%的 Mo 和最大值 0.15%的 Zr。
⑦ 如果化学成分中 A 的最低值为 0.020%, 或者有其他氮化物形成元素存在的情况下, 则不使用氮的最大值。氮化物形成元素将在检验文件中提到。

耐候钢标记包括标准号、标记、最低屈服强度、冲击功、耐腐蚀性能及供货状态等，其中：

（1）标准号为 EN 10025-5；

（2）标记"S"表示结构钢；

（3）厚度≤16mm 的最低屈服强度数值，用 MPa 表示；

（4）相关冲击功数值的对应标识；

（5）字母 W 表示钢材抗大气腐蚀；如必要，字母 P 表示高磷含量等级（只适用于级别 S355）；

（6）标明"+N 或者+AR"，当产品要求在+N 或+AR 条件下订货和供货时，"+N 或+AR"附加在钢材名称和钢材牌号中。

例如：抗大气腐蚀（W）的结构钢（S）在室温下使用最低屈服强度为 355MPa，在 0℃（J0）条件下使用最低冲击功为 27J，供货状态为正火轧制（或轧制），则标记为：

EN 10025-5-S355J0W+N（或者+AR）　或　EN 10025-5-1.8959+N（或者+AR）

常用的耐候钢在不同国家标准中的标记对照见表 2-15。

表 2-15　常用的耐候钢在不同国家标准中的标记对照

标记按 EN 10025-5：2004		等效曾用标记					
		按照 EN 10155：1993		EU 155-80	法国	英国	德国
S235J0W	1.8958	S235J0W	1.8958	Fe360CK1	E24W3	—	—
S235J2W	1.8961	S235J2W	1.8961	Fe360DK1	E24W4	—	WTSt37-3
S355J0WP	1.8945	S355J0WP	1.8945	Fe1K1	E36WA3	WR	—
S355J2WP	1.8946	S355J2WP	1.8946	Fe510D1K1	E36WA4	—	—
S355J0W	1.8959	S355J0W	1.8959	Fe2K1	E36WB3	WR50B	—
①	①	S355J1W	1.8963	Fe510D2K1	—	WR	—
S355J2W	1.8965	S355J2W	1.8965	—	—	—	WTSt52-3
①	①	S355K1W	1.8966	—	E36WB4	—	—
S355K2W	1.8967	S355K2W	1.8967	—	—	—	—

①当产品在正火或正火轧制（+N）条件下供货时，在标记中附加标识"+N"。

2.4　低　温　钢

低温钢主要用于制造生产、运输及储存液化气体的设备，在低温条件下工作的管道、压力容器等。这些装备最重要的性能要求是抗低温脆性破坏，保证在使用温度下具有足够的低温韧性。

国内 GB 150.1～4—2011 系列标准、SH/T 3075—2009、HG/T 20585—2011、GB 3531—2008《低温压力容器用低合金钢钢板》、NB/T 47009—2010《低温承压设备用低合金钢锻件》中均涉及低温钢标准，生产中的常用低温钢见表 2-16。

表 2-16 常用低温钢的牌号和化学成分

温度等级/℃	牌号	化学成分（质量分数）/%													使用状态
		C	Si	Mn	S	P	Ni	Al	Cu	Nb	V	Ti	RE	N	
-40	16MnDR	≤0.20	0.15~0.50	1.20~1.60	≤0.0025	≤0.030	—	—	—	—	—	—	—	—	热轧
-70	09Mn2VDR	≤0.12	0.15~0.50	1.40~1.80	≤0.0025	≤0.030	—	—	—	—	0.02~0.06	—	—	—	正火
-70	09MnTiCuREDR	≤0.12	<0.40	1.40~1.80	≤0.0125	≤0.030	—	—	0.20~0.40	—	—	0.03~0.08	0.15	—	正火
-90	06MnNbDR	≤0.07	0.17~0.37	1.20~1.60	≤0.030	≤0.030	—	—	—	0.20~0.05	—	—	—	—	正火
-100	06MnVTi	≤0.07	0.17~0.37	1.40~1.80	≤0.030	≤0.030	—	0.04~0.08	—	—	0.04~0.10	240g/t	—	—	正火
-105	06AlCu	≤0.06	≤0.25	0.80~1.10	≤0.015	≤0.025	—	0.09~0.20	0.35~0.45	—	—	—	—	—	正火
-105	06AlCuNbN	≤0.08	≤0.35	0.90~1.30	≤0.020	≤0.035	—	0.04~0.15	0.30~0.50	0.04~0.09	0.02~0.05	—	—	0.01~0.018	正火或正火+回火
-105	Ni3.5%	≤0.17	0.15~0.30	≤0.70	≤0.035	≤0.040	3.25~3.75	0.15~0.50	≤0.35	0.15~0.50	0.02~0.05	—	—	—	正火或正火+回火
-196	Ni9%	≤0.13	0.15~0.30	≤0.90	≤0.035	≤0.040	8.0~10.0	0.15~0.50	≤0.35	0.15~0.50	—	—	—	—	淬火+回火
-253	15Mn26Al4	0.13~0.19	≤0.60	24.5~27.0	≤0.035	≤0.035	—	3.80~4.70	—	—	—	—	—	—	—

ASME 锅炉及压力容器规范中，涉及低温钢标准有：ASME SEC Ⅱ ASA-353/SA 353M—2002《双标准化含 9% 镍的回火合金压力容器板用规范（ASTM A353/A353M—93）》、ASME SEC Ⅱ ASA-522/SA-522M—2003《低温作业用锻制或压制镍含量为 8% 和 9% 的合金钢法兰、配件、阀门和零件的规范（ASTM A 522/A 522M-01）》、ASME SEC Ⅱ ASA-553/SA-553M—2001《镍含量为 8% 和 9% 的调质合金钢压力容器板的规范（ASTM A553/A553M—93）》。相关标准的使用范围见表 2-17。

表 2-17 ASME 低温钢标准适用范围

钢 号	适用部件	使用厚度/mm	适用温度/℃	热处理工艺
ASME SEC A353 Type Ⅱ	低温焊接压力容器	50	-195	双正火+回火
ASME SEC A522 Type Ⅰ	低温焊接压力容器法兰等零件	NNT75	-196	淬火+回火 双正火+回火
ASME SEC A522 Type Ⅱ	低温焊接压力容器法兰等零件	QT125	-170	淬火+回火 双正火+回火
ASME SEC A553 Type Ⅰ	低温焊接压力容器	50	-195	淬火+回火 淬火+亚淬+回火
ASME SEC A553 Type Ⅱ	低温焊接压力容器	50	-170	淬火+回火 淬火+亚淬+回火

EN 10028-4 标准《含镍的低温韧性钢》与 DIN 17280 标准《低温韧性钢（无镍的低温用钢和镍基低温用钢）》中对低温钢进行了相应的规定。

2.4.1 按化学成分分类

低温钢按化学成分分为有 Ni 钢和无 Ni 钢。两类钢在使用温度条件下均具有足够的 V 形缺口冲击值，满足规定的低温使用要求。

其中，无 Ni 钢是加入提高强度的合金元素和使晶粒细化的微量元素，如 Mn、Al、Ti、Nb、V 等。这类国产低温压力容器用钢有 16MnDR、09Mn2VDR、09MnNiDR，低温锻件钢有 16MnMoD、20MnMoD 等。其中，常用的 16MnDR 中，16 表示钢板中锰（Mn）含量较高，在 1%~1.6% 之间；D 表示低温；R 表示压力容器。

体心立方金属（Al 含量大于等于 0.02%）的屈服强度具有强烈的温度效应。温度下降，屈服强度急剧升高，Fe 由室温降至-196℃，屈服强度提高 4 倍。而面心立方金属的温度效应则较小，如 Ni 由室温降至-196℃，屈服强度只提高 0.4 倍。密排六方金属屈服强度的温度效应与面心立方金属类似。在体心立方金属中晶格阻力（派纳力）τ_{p-n} 值比面心立方金属高很多，晶格阻力在屈服强度中占有较大比例，而晶格阻力属短程力，对温度十分敏感，因此体心立方金属的屈服强度具有强烈的温度效应，可能是晶格阻力 τ_{p-n} 起主要作用。所以通常说面心立方金属一般没有低温脆性现象，但有试验证明，在 20~42K 的极低温度下，奥氏体钢及铝合金有冷脆性。而高强度钢及超高强度钢在很宽温度范围内冲击吸收功均较低，故韧脆转变不明显。

有 Ni 钢是含 Ni 的低温用钢，按 EN 10028-4（2003 年版）标准规定的低温韧性镍合金钢，化学成分见表 2-18。

表 2-18　含镍低温韧性钢及其化学成分①

钢　种		质量分数/%									
钢号	材料号	C (最大值)	Si (最大值)	Mn	P (最大值)	S (最大值)	Al (最小值)	Mo (最大值)	Nb (最大值)	Ni	V (最大值)
11MnNi5-3	1.6212	0.14	0.50	0.70~1.50	0.025	0.015	0.020	—	0.06	0.30②~0.80	0.05
13MnNi6-3	1.6217	0.16	0.50	0.65~1.70	0.025	0.015	0.020	—	0.06	0.30②~0.85	0.05
15NiMn6	1.6228	0.18	0.35	0.60~1.50	0.025	0.015	—	—	—	1.30~1.70	0.05
12Ni14	1.5637	0.15	0.35	0.30~0.60	0.020	0.010	—	—	—	3.25~3.75	0.05
X12Ni5	1.5680	0.15	0.35	0.30~0.60	0.020	0.010	—	—	—	4.75~5.25	0.05
X8Ni9	1.5662	0.10	0.35	0.30~0.60	0.020	0.010	—	0.10	—	8.50~10.00	0.05
X7Ni9	1.5663	0.10	0.35	0.30~0.60	0.015	0.005	—	0.10	—	8.50~10.00	0.01

①此表格中没有列出的成分需经过买方同意才可添加到钢材之中，熔样分析完成之后除外，炼钢时应该采取相应的措施以避免影响力学性能和使用性能的成分存在，Cr+Cu+Mo 的成分含量应该不超过 0.5%。

②当产品厚度≤40mm 时，镍含量最小值 0.15%允许低于名义成分。

2.4.2　按显微组织分类

低温钢按照显微组织分为奥氏体型、铁素体型和低碳马氏体型三类。

（1）奥氏体型低温钢：这类钢具有很好的低温性能，其中 18-8 型铬、镍奥氏体钢使用最为广泛，25-20 型铬镍奥氏体钢可用于超低温条件。这种钢的使用温度不能低于马氏体相变温度，否则奥氏体转变为马氏体而韧性下降。

（2）铁素体型低温钢：这类钢的显微组织主要是铁素体加入少量珠光体。其使用温度在−40~−100℃范围，如 16MnDR、09Mn2VDR、Ni3.5%和 06MnVTi 等，这些通常作为低温容器专用钢，正火状态下使用。Ni3.5%钢一般采用 870℃正火和 635℃×1h 消除应力回火，其最低使用温度为−100℃，调质处理可提高其强度、改善韧性和降低其脆性转变温度，最低使用温度可降至−129℃。

（3）低碳马氏体型低温钢：低碳马氏体型低温钢属于含 Ni 量较高的钢，如 Ni9%钢，经过淬火的组织为低碳马氏体，正火后的组织除低碳马氏体外，还有一定数量的铁素体和少量奥氏体，具有高的强度和韧性，用于−196℃低温。低碳马氏体型低温钢经冷变形后，须进行 565℃消除应力退火，以提高其低温韧性。

低温用钢力学性能、推荐热处理工艺以及 V 形缺口最低冲击功要求分别见表 2-19~表 2-21。

表 2-19　室温下的力学性能

钢　种		通用供货条件①② (热处理标记)	产品厚度 t/mm	屈服强度 R_{eH} (最小值)/MPa	抗拉强度 R_m /MPa	伸长率 A (最小值)/%
钢　号	材料号					
11MnNi5-3	1.6212	+N（+NT）	≤30	265	420~530	24
			30<t≤50	275		
			50<t≤80	285		

续表 2-19

钢 种		通用供货条件[①②] （热处理标记）	产品厚度 t/mm	屈服强度 R_{eH} （最小值）/MPa	抗拉强度 R_m /MPa	伸长率 A （最小值）/%
钢 号	材料号					
13MnNi5-3	1.6217	+N（+NT）	≤30	355	490~510	22
			30<t≤50	345		
			50<t≤80	335		
15NiMn6	1.6228	+N 或+NT 或+QT	≤30	355	490~640	22
			30<t≤50	345		
			50<t≤80	335		
12Ni14	1.5637	+N 或+NT 或+QT	≤30	355	490~640	22
			30<t≤50	345		
			50<t≤80	335		
X12Ni5	1.5680	+N 或+NT 或+QT	≤30	390	530~710	20
			30<t≤50	380		
X8Ni9+NT640[①]	1.5662+NT640[①]	+N 或+NT	≤30	490	640~840	18
			30<t≤50	480		
X8Ni9+QT640[①]	1.5662+QT640[①]	+QT	≤30	490		
			30<t≤50	480		
X8Ni9+QT680[①]	1.5662+QT680[①]	+QT[③]	≤30	585	680~820	18
			30<t≤50	575		
X7Ni9	1.5663	+QT[③]	≤30	585	680~820	18
			30<t≤50	575		

①+N：正火处理；+NT：正火+淬火；+QT：调质；+NT640/+QT640/+QT680：最低抗拉强度为 640MPa 或者 680MPa 的热处理状态。

②温度和冷却条件见表 2-20。

③当产品厚度<15mm 时也可以采用+N 加上+NT 的供货条件。

表 2-20　推荐热处理工艺

钢 种		热处理 条件[①]	热 处 理			
钢 号	材料号		奥氏体化温度/℃	冷却工艺[②]	回火温度/℃	冷却工艺[②]
11MnNi5-3	1.6212	+N（+NT）	880~940	a	580~640	a
13MnNi6-3	1.6217	+N（+NT）	880~940	a	580~640	a
15NiMn6	1.6218	+N	850~900	a	—	—
		+NT	850~900	a	600~660	a 或 w
		+QT	850~900	w 或 o	600~660	a 或 w
12Ni14	1.5637	+N	830~880	a	—	—
		+NT	830~880	a	580~640	a 或 w
		+QT	820~870	w 或 o	580~640	a 或 w

续表 2-20

钢　种		热处理条件①	热　处　理			
钢　号	材料号		奥氏体化温度/℃	冷却工艺②	回火温度/℃	冷却工艺②
X12Ni5	1.5680	+N	800~850	a	—	—
		+NT	880~930+770~830	a	580~660	a 或 w
		+QT	770~830	w 或 o	580~660	a 或 w
X8Ni9+NT640	1.5662+NT640	+N、+NT	770~830	a	540~600	a 或 w
X8Ni9+QT640	1.5662+QT640	+QT	770~830	a	540~600	a 或 w
X8Ni9+QT680	1.5662+QT680	+QT③	770~830	w 或 o	540~600	a 或 w
X7Ni9	1.5663	+QT③	770~830	w 或 o	540~600	a 或 w

①+N：正火处理；+NT：正火+淬火；+QT：调质；+NT640/+QT640/+QT680：最低抗拉强度为 640MPa 或者 680MPa 的热处理状态。

②a：空冷；o：油冷；w：水冷。

③当产品厚度<15mm 时也可以采用+N 或+NT 的供货条件。

表 2-21　V 形缺口最低冲击功

钢　种		热处理条件①②	产品厚度/mm	方向	最低冲击功 A_{KV}/J											
钢号	材料号				温度/℃											
					20	0	−20	−40	−50	−60	−80	−100	−120	−150	−170	−196
11MnNi5-3	1.6212	+N (+NT)	5③~80	纵	70	60	55	50	45	40	—	—	—	—	—	—
13MnNi6-3	1.6217			横	50	50	45	35	30	27	—	—	—	—	—	—
15NiMn6	1.6228	+N 或 +NT 或 +QT		纵	65	65	65	60	50	50	40	—	—	—	—	—
				横	50	50	45	40	35	35	27	—	—	—	—	—
12Ni14	1.5637	+N 或 +NT 或 +QT		纵	65	60	55	55	50	50	45	40	—	—	—	—
				横	50	50	45	35	35	35	30	27	—	—	—	—
X12Ni5	1.5680	+N 或 +NT 或 +QT		纵	70	70	70	65	65	65	60	50	40③	—	—	—
				横	60	60	55	45	45	45	40	30	27③	—	—	—
X8Ni9+NT640 X8Ni9+QT640①	1.5662+NT640 1.5662+QT640①	+N +NT +QT	5~50	纵	100	100	100	100	100	100	100	90	80	70	60	50
				横	70	70	70	70	70	70	70	60	50	50	45	40
X8Ni9+QT680①	1.5662+QT680①	+QT		纵	120	120	120	120	120	120	120	110	100	90	80	70
				横	100	100	100	100	100	100	100	90	80	70	60	50
X7Ni9	1.5663	+QT		纵	120	120	120	120	120	120	120	120	120	120	110	100
				横	100	100	100	100	100	100	100	100	100	100	90	80

①+N：正火处理；+NT：正火+淬火；+QT：调质；+NT640/+QT640/+QT680：最低抗拉强度为 640MPa 或者 680MPa 的热处理状态。

②温度和冷却条件见表 2-20。

③该数值针对于−115℃条件下产品厚度≤25mm，以及−115℃条件下产品厚度 25mm<t≤30mm。

2.5 热 强 钢

低合金热强钢在较高温度条件下（部分可达到600℃），长时间受载荷作用时，仍能够保持其强度性能，同时还具有足够的抗氧化能力。热强钢用于常规热电站、核能动力装置、石油精制设备、加氢裂化设备、合成化工容器、宇航装置以及其他高温加工设备。

低合金热强钢包括碳钢系列、低合金钢系列以及高合金系列三大类。

2.5.1 碳钢系列

碳钢系列热强钢的使用温度范围约至350℃，其热强机理主要是采用优质钢，即限制P、S含量。常用钢材见表2-22。

表 2-22 常用碳钢系列热强钢

序号	用途	标 准	举 例
1	锅炉用钢	EN 10028-2	P235GH、P265GH、P295GH
2		EN 10028-3	P275NH
3	管材	EN 10216-2（无缝）	P195、P235、P265、P355
4		EN 10217-2（焊接）	P195、P235、P265

2.5.2 低合金钢系列

低合金钢系列热强钢的使用温度范围约至600℃，其热强机理主要是Mn、Mo固溶强化、微小析出物强化等。常用钢材见表2-23。

表 2-23 常用低合金钢系列热强钢

序号	用途	标 准	举 例
1	锅炉用钢	EN 10028-2	10Mn6、15Mo3、13CrMo4-4、10CrMo9-10
2		EN 10028-3	P355NH、P460NH
3	管材	EN 10028-2	17Mn4、19Mn5、15Mo3、13CrMo44、10CrMo9-10、14MoV

2.5.3 高合金钢系列

高合金钢系列热强钢的使用温度范围可至750℃，其热强机理通过固溶强化、微小析出物、面心立方晶格（晶格强化）等手段。

典型的高合金钢系列热强钢主要有马氏体钢管材及无δ铁素体的奥氏体钢。其中马氏体钢管材（EN 10028-2标准）的典型钢材为X10CrMoVNb9-1。而无δ铁素体的奥氏体钢（EN 10028-7标准）包括X8CrNiMoNb16-16、X8CrNiNb16-13、X8CrNiMoN17-13等。

热强钢的化学成分、常温力学性能、高温下0.2%屈服强度、1%塑性变形的蠕变极限和持久强度等分别见表2-24~表2-27。

表 2-24　热强钢的化学成分

质量分数/%

钢组号

牌号	数字牌号	C	Si	Mn	P（最大值）	S（最大值）	Al	N	Cr	Cu①	Mo	Nb	Ni	Ti	V	其他
P235GH	1.0345	≤0.16	≤0.35	0.60②~1.20	0.025	0.015	≥0.020	≤0.012③	≤0.30	≤0.30	≤0.08	≤0.020	≤0.30	0.03	≤0.02	Cu+Cr+Mo+Ni ≤0.70
P265GH	1.0425	≤0.20	≤0.40	0.80②~1.40	0.025	0.015	≥0.020	≤0.012③	≤0.30	≤0.30	≤0.08	≤0.020	≤0.30	0.03	≤0.02	
P295GH	1.0481	0.08~0.20	≤0.40	0.90②~1.50	0.025	0.015	≥0.020	≤0.012③	≤0.30	≤0.30	≤0.08	≤0.020	≤0.30	0.03	≤0.02	
P355GH	1.0473	0.10~0.22	≤0.60	1.10~1.70	0.025	0.015	≥0.020	≤0.012③	≤0.30	≤0.30	≤0.08	≤0.020	≤0.30	0.03	≤0.02	
16Mo3	1.5415	0.12~0.20	≤0.35	0.40~0.90	0.025	0.010	④	≤0.012	≤0.30	≤0.30	0.25~0.35	—	≤0.30	—	—	—
18MnMo4-5	1.5414	≤0.20	≤0.40	0.90~1.50	0.015	0.005	④	≤0.012	≤0.30	≤0.30	0.45~0.60	—	≤0.30	—	—	—
20MnMoNi4-5	1.6311	0.15~0.23	≤0.40	1.00~1.50	0.020	0.010	④	≤0.012	≤0.20	≤0.20	0.45~0.60	—	0.40~0.80	—	≤0.02	
15NiCuMoNb5-6-4	1.6368	≤0.17	0.25~0.50	0.80~1.20	0.025	0.010	≥0.015	≤0.020	≤0.30	0.50~0.80	0.25~0.50	0.015~0.045	1.00~1.30	—	—	
13CrMo4-5	1.7335	0.08~0.18	≤0.35	0.40~1.00	0.025	0.010	④	≤0.012	0.70⑤~1.15	≤0.30	0.40~0.60	—	—	—	—	—

续表 2-24

牌号	数字牌号	C	Si	Mn	P (最大值)	S (最大值)	Al	N	Cr	Cu①	Mo	Nb	Ni	Ti	V	其他
13CrMoSi5-5	1.7336	≤0.17	0.50~0.80	0.40~0.650	0.015	0.005	④	≤0.012	1.00~1.50	≤0.30	0.45~0.65	—	≤0.30	—	—	
10CrMo9-10	1.7380	0.08~0.14⑥	≤0.50	0.40~0.80	0.020	0.010	④	≤0.012	2.00~2.50	≤0.30	0.90~1.10	—	—	—	—	
12CrMo9-10	1.7375	0.10~0.205	≤0.30	0.30~0.80	0.015	0.010	0.010~0.040	≤0.012	2.00~2.50	≤0.25	0.90~1.10	—	≤0.30	—	—	
X12CrMo5	1.7362	0.10~0.15	≤0.50	0.30~0.60	0.020	0.005	④	≤0.012	4.00~6.00	≤0.30	0.45~0.65	—	≤0.30	—	—	
13CrMoV9-10	1.7703	0.11~0.15	≤0.10	0.30~0.60	0.015	0.005	④	≤0.012	2.00~2.50	≤0.20	0.90~1.10	≤0.07	≤0.25	0.03	0.25~0.35	≤0.002B ≤0.015Ca
12CrMoV12-10	1.7767	0.10~0.15	≤0.15	0.30~0.60	0.015	0.005	④	≤0.012	2.75~3.25	≤0.25	0.90~1.10	≤0.07⑦	≤0.25	0.03⑦	0.20~0.30	≤0.003B⑦ ≤0.015Ca⑦
X10CrMoVNb9-1	1.4903	0.08~0.12	≤0.50	0.30~0.60	0.020	0.005	≤0.040	0.030~0.070	8.00~9.50	≤0.30	0.85~1.05	0.06~0.10	≤0.30	—	0.18~0.25	—

质量分数/%

① 铜含量最大值和/或铜和锡含量总数的最大值，如 w(Cu+6Sn)≤0.33%，可以在咨询和订货协商一致时商定。在只说明铜含量最大值的情况下考虑下考虑相关钢组别的热成型性。例如，在只说明铜含量最大值的情况下考虑相关钢组别的热成型性。

② 当产品厚度<6mm 时，锰含量最小值 0.20%应允许低于名义成分。

③ 应该使用比率 w(Al)/w(N)。

④ 铸件的 Al 含量应该由检验文件中绘出的数值确定。

⑤ 如果抗高压氢是很重要的，则应该该在咨询和供货和订货时规定对 0.80%Cr 含量最低值达成协议。

⑥ 产品厚度大于 150mm 时，则应该规定 C 含量最大值为 0.17%。

⑦ 此钢组别应该添加 Ti+B 或者 Nb+Ca。应该使用下列最低含量值：如果添加 Ti+B，则 w(Ti)≥0.015%，w(B)≥0.001%；如果添加 Nb+Ca，则 w(Nb)≥0.015%，w(Ca)≥0.0005%。

表 2-25   热强钢常温力学性能

钢材组别		通用供货条件	产品厚度 t /mm	室温下的抗拉强度			室温下的冲击功 A_{KV}/J		
牌号	数字			屈服强度 R_{eH} /MPa	抗拉强度 R_m /MPa	伸长率 A /%	−20	0	+20
16Mo3	1.5415	+N	≤16	275	440~590	22	①	①	31
			16<t≤40	270					
			40<t≤60	260					
			60<t≤100	240	430~560				
			100<t≤150	220	420~570				
			150<t≤250	210	410~570				
18MnMo4-5	1.5414	+NT	≤60	345	510~650	20	27	34	40
			60<t≤150	325					
		+QT	150<t≤250	310	480-620				
20MnMoNi4-5	1.6311	+QT	≤40	470	590~750	18	27	40	50
			40<t≤60	460	590~730				
			60<t≤100	450	570~710				
			100<t≤150	440					
			150<t≤250	400	560~700				
15NiCuMo Nb5-6-4	1.6368	+NT	≤40	460	610~780	16	27	34	40
			40<t≤60	440					
			60<t≤100	430	600~760				
		+NT 或+QT	100<t≤150	420	590~740				
		+QT	150<t≤200	410	580~740				
13CrMo4-5	1.7335	+NT	≤16	300	450~600	19	①	①	31
			16<t≤60	290					
			60<t≤100	270	450~590		①	①	27
		+NT 或+QT	100<t≤150	255	460~580		①	①	
		+QT	150<t≤250	245	420~570				
13CrMoSi5-5	1.7336	+NT	≤60	310	510~690	20	①	27	34
			60<t≤100	300	480~660				
		+QT	≤60	400	510~690		27	34	40
			60<t≤100	390	500~680				
			100<t≤250	380	490~670				

①在咨询和订货时协商决定的数值。

表 2-26　热强钢高温下 0.2%屈服强度

钢材组别		产品厚度 t/mm	0.2%屈服强度最低值 $R_{p0.2}$/MPa									
钢材牌号	数字		温度/℃									
			50	100	150	200	250	300	350	400	450	500
16Mo3	1.5415	≤16	273	264	250	233	213	194	175	159	147	141
		16<t≤40	268	259	245	228	209	190	172	156	145	139
		40<t≤60	258	250	236	220	202	183	165	150	139	134
		60<t≤100	238	230	218	203	186	169	153	139	129	123
		100<t≤150	218	211	200	186	171	155	140	127	118	113
		150<t≤250	208	202	191	178	163	148	134	121	113	108
18MnMo4-5	1.5414	≤60	330	320	315	310	295	285	265	235	215	—
		60<t≤150	320	310	305	300	285	275	255	225	205	—
		150<t≤250	310	300	295	290	275	265	245	220	200	—
20MnMoNi4-5	1.6311	≤40	460	448	439	432	424	415	402	384	—	—
		40<t≤60	450	438	430	423	415	406	394	375		
		60<t≤100	441	429	420	413	406	398	385	367		
		100<t≤150	431	419	411	404	397	389	377	359	—	—
		150<t≤250	392	381	374	367	361	353	342	327	—	—
15NiCuMo Nb5-6-4	1.6368	≤40	447	429	415	403	391	380	366	351	331	
		40<t≤60	427	410	397	385	374	363	350	335	317	
		60<t≤100	418	401	388	377	366	355	342	328	309	
		100<t≤150	408	392	379	368	357	347	335	320	302	
		150<t≤200	398	382	370	359	349	338	327	313	295	
13CrMo4-5	1.7335	≤16	294	285	269	252	234	216	200	186	175	164
		16<t≤60	285	275	251	243	226	209	194	180	169	159
		60<t≤100	265	256	242	227	210	195	180	168	157	148
		100<t≤150	250	242	229	214	199	184	170	159	148	139
		150<t≤250	235	223	215	211	199	184	170	159	148	139

表 2-27　热强钢 1%塑性变形的蠕变极限和持久强度

钢材组别		温度/℃	1%塑性变形的蠕变极限/MPa		持久强度/MPa		
钢材名称	数字		10000h	100000h	10000h	100000h	200000h
16Mo3	1.5415	450	216	167	298	239	217
		460	199	146	273	208	188
		470	182	126	247	178	159
		480	166	107	222	148	130
		490	149	89	196	123	105

钢材组别		温度/℃	1%塑性变形的蠕变极限/MPa		持久强度/MPa		
钢材名称	数字		10000h	100000h	10000h	100000h	200000h
16Mo3	1.5415	500	132	73	171	101	84
		510	115	59	147	81	69
		520	99	46	125	66	55
		530	84	36	102	53	45
13CrMo4-5	1.7335	450	245	191	370	285	260
		460	228	172	348	251	226
		470	210	152	328	220	195
		480	193	133	304	190	167
		490	173	116	273	163	139
		500	157	96	239	137	115
		510	139	83	209	110	96
		520	122	70	173	94	76
		530	106	57	154	78	62
		540	90	46	129	61	50
		550	76	36	109	49	39
		560	64	30	91	40	32
		570	53	24	76	33	26

2.6 高合金耐蚀钢

生产中，高合金耐蚀钢常指不锈钢。从元素对不锈钢组织的影响和作用程度来看，基本上有两类，一类是形成或稳定奥氏体区的元素，如 C、Ni、Mn、N 和 Cu 等，其中 C 和 N 的作用程度最大；另一类是缩小甚至封闭奥氏体区即形成铁素体的元素，如 Cr、Si、Mo、Ti、Nb、Ta、V、W 和 Al 等，其中 Nb 的作用程度最小。

Mn 元素使 γ 相区扩大，Mn 含量超过 35% 的钢，室温下可得到奥氏体，但是这种奥氏体锰钢由于没有特别的抗腐蚀性能而用途并不大。

Ni 是高合金钢非常重要的元素，因为它可以增大奥氏体温度范围。Ni 含量 10%~70% 范围内的 α+γ 转变非常慢，因此正常冷却下来仍然得到奥氏体。

Si 元素使 γ 相区缩小，对于 Si 与纯 Fe 的二元合金，Si 含量大于 3% 的合金在加热时不会形成奥氏体，这种钢不能作为结构用钢，因为不能通过正火或调质来调整组织和性能，但由于它特殊的磁性而用于变压器、继电器等。

Cr 元素对于高合金钢的抗腐蚀性非常重要，Cr 元素会缩小奥氏体温度范围，Cr 含量超过 12%，在所有温度下都是铁素体，称为铁素体铬钢，铁素体铬钢不能正火，因为在固态下不发生组织转变。Cr-Fe 二元相图中还有一种金属间化合物 FeCr，叫作 σ 相。

含 C 0.10% 的钢，根据 Cr 含量的不同，会出现 Cr_3C、Cr_7C_3、$Cr_{23}C_6$。如果钢中再增加 Mo 元素，会产生另外的碳化物，如 Mo_2C、Mo_6C。Cr 含量≥18% 的钢，会产生较多的 $Cr_{23}C_6$，在一定条件下会出现晶间腐蚀。而 Cr 含量>30% 的钢，会产生 σ 相。

不锈钢（主加元素铬，能使钢处于钝化状态，具有不锈特性的钢）按组织分类有铁素体不锈钢、马氏体不锈钢、奥氏体不锈钢（包含有少量 δ 铁素体）、铁素体-奥氏体双相不锈钢（铁素体和奥氏体各占约 50%）。不锈钢在高温、腐蚀介质中工作。

根据 EN 10088 标准，不锈钢中 Cr 含量最低为 10.5%，C 含量最高为 1.2%。在承压设备用钢标准中不锈钢涉及标准是 EN 10028-7。

2.6.1 铁素体不锈钢

铁素体不锈钢在氧化性的酸类及大部分有机酸和有机酸盐的水溶液中工作时具有良好的耐酸性，常用于制造化工容器。

铁素体不锈钢的成分特点见表 2-28。化学成分、力学性能和抗晶间腐蚀性能分别见表 2-29 和表 2-30。

表 2-28　铁素体不锈钢成分与特点

序　号	成分/%	特　点
1	C<0.1	防晶间腐蚀
2	Cr>12~20	提高耐腐蚀性
3	Ti，Nb 约 0.5	防晶间腐蚀
4	Mo 约 0.3	提高耐点状腐蚀性

表 2-29　铁素体不锈钢化学成分（节选）

钢　号	化学成分/%											
	C（最大）	Si（最大）	Mn（最大）	P（最大）	S（最大）	N（最大）	Cr	Mo	Ni	Nb	Ti	其他
X2CrNi12	0.03	1.00	1.50	0.040	0.015	0.030	10.50~12.50		0.30~1.00			
X6CrNiTi12	0.08	0.70	1.50	0.040	0.015		10.50~12.50		0.50~1.50		0.05~0.35	
X6CrAl13	0.08	1.00	1.00	0.040	0.015		12.00~14.00					Al 0.10~0.30
X2CrTi17	0.025	0.50	0.50	0.040	0.015	0.015	16.00~18.00				0.30~0.60	
X3CrTi17	0.05	1.00	1.00	0.040	0.015		16.00~18.00			12C~1.00		
X6CrMo17-1	0.08	1.00	1.00	0.040	0.015		16.00~18.00	0.90~1.40				

续表 2-29

钢　号	化学成分/%											
	C (最大)	Si (最大)	Mn (最大)	P (最大)	S (最大)	N (最大)	Cr	Mo	Ni	Nb	Ti	其他
X2CrMoTi17-1	0.025	1.00	1.00	0.040	0.015	0.015	16.00~ 18.00	1.00~ 1.50			0.30~ 0.80	
X2CrMoTi18-2	0.025	1.00	1.00	0.040	0.015	0.030	17.00~ 21.00	1.80~ 2.50			4（C+ N）+ 0.15~ 0.80	

表 2-30　铁素体不锈钢室温时的力学性能和抗晶间腐蚀性

钢　种		热处理 状态	硬度 （最大） （板： $\delta<12mm$； 圆钢： $\phi<25mm$）	屈服强度或 0.2%条件 屈服强度 /N·mm^{-2} （板：δ ≤12mm； 圆钢：ϕ ≤25mm）	抗拉强度 /N·mm^{-2} （板：δ ≤12mm； 棒：2mm ≤ϕ ≤20mm； 圆钢： ϕ≤25mm）	伸长率/%				抗晶间腐蚀 （DIN50914）	
						平板板厚/mm			圆钢 直径 /mm	供货 状态下	焊接 状态
钢号	材料号					横向	纵向	<3 纵向、 横向	≤25 纵向		
								3≤δ≤12			
X6Cr13	1.4000	退火 调质	185 —	250 400	400~600 550~700	15 13	20 —	15 —	20 18	无 无	无 无
X6CrAl13	1.4002	退火 调质	185 —	250 400	400~600 550~700	15 13	20 —	15 —	20 18	无 无	无 无
X6Cr17 X6CrTi17 X4CrMoS18	1.4016 1.4510 1.4105	退火 退火 退火	185 185 200	270 270 270	450~600 450~600 450~650	18 18 —	20 20 —	18 18 —	20 20 20	有 有 无	无 有 —

2.6.2　马氏体不锈钢

　　碳含量高的马氏体不锈钢主要用于医疗器械、弹簧、轴承等；碳含量低的马氏体不锈钢用于汽轮机叶片、水压机阀等。其成分特点如表 2-31 所示，化学成分与力学性能分别见表 2-32 和表 2-33。

表 2-31　马氏体不锈钢成分与特点

序　号	成分/%	特　点
1	C 0.05~0.5	具有一定的硬度、强度
2	Cr 12~20	提高耐腐蚀性、淬硬性、强度

续表 2-31

序号	成分/%	特　　点
3	Mo<0.3	改善钢的耐腐蚀性、抗点状腐蚀
4	Ni<7	调节组织状态、改善韧性
5	V 0.3	改善强度、切削强度
6	Nb, Ti 0.3~0.5	防晶间腐蚀
7	Cu 3~4	改善耐腐蚀性、提高强度

表 2-32　马氏体不锈钢的化学成分（节选）

钢号	化学成分/%										
	C	Si（最大）	Mn（最大）	P（最大）	S（最大）	Cr	Cu	Mo	Nb	Ni	其他
X12Cr13	0.08~0.15	1.00	1.50	0.040	0.015	11.50~13.50				≤0.75	
X20Cr13	0.16~0.25	1.00	1.50	0.040	0.015	12.00~14.00					
X30Cr13	0.26~0.35	1.00	1.50	0.040	0.015	12.00~14.00		≤0.60			
X29Cr13	0.25~0.32	1.00	1.50	0.040	0.15~0.25	12.00~13.50					
X45Cr13	0.43~0.50	1.00	1.00	0.040	0.015	12.50~14.50					
X50CrMoV15	0.45~0.55	1.00	1.00	0.040	0.015	14.00~15.00		0.50~0.80			V 0.10~0.20
X70CrMo15	0.65~0.75	0.70	1.00	0.040	0.015	14.00~16.00					
X39CrMo17-1	0.33~0.45	1.00	1.50	0.040	0.015	15.50~17.50		0.80~1.30		≤1.00	
X90CrMoV18	0.85~0.95	1.00	1.00	0.040	0.015	17.00~19.00		0.90~1.30			V 0.07~0.12

表 2-33　调质状态下马氏体钢室温时的力学性能

钢种		热处理状态	硬度 HB/HV（最大，δ≤25mm）	屈服强度或0.2%延伸强度 /N·mm⁻²（δ≤25mm）	抗拉强度 /N·mm⁻²（板：δ≤25mm；棒：2mm≤δ≤20mm）	伸长率/%						ISO-V 型缺口冲击功/J		
钢号	材料号					板状（A₅）		钢棒及轧制						
						3mm≤δ≤25mm		2mm≤δ≤25mm				纵向	横向	切向
						纵向	横向	纵向	横向	切向				
X10Cr13	1.4006	退火 调质	200 —	250 420	450~650 600~800	20 16	15 13	20 18 15	— —	— 15 13	— — —	— — —	— — —
X15Cr13	1.4024	退火 调质	225 —	— 450	≤720 650~800	15	15 13	14 14	— —	— 12 12	30 25	— —	20

续表 2-33

钢号	材料号	热处理状态	硬度 HB/HV (最大, δ≤25mm)	屈服强度或0.2%延伸强度 /N·mm⁻² (δ≤25mm)	抗拉强度 /N·mm⁻² (板:δ≤25mm; 棒:2mm≤δ≤20mm φ≤20mm)	板状(A₅) 3mm≤δ≤25mm 纵向	板状 横向	钢棒及轧制 纵向	钢棒 横向	钢棒 切向	冲击功 纵向	冲击功 横向	冲击功 切向
X20Cr13	1.4021	退火	230	—	≤740	—	18	14	10	12	30	—	—
		调质		450	650~800	15	18	—	8	10	—	—	20
		调质		550	750~950	13	—	12			25		
X30Cr13	1.4026	退火	245	—	≤780	—							
		调质		600	600~1000			11					

2.6.3　奥氏体不锈钢

奥氏体不锈钢的成分特点见表 2-34，化学成分、力学性能和抗晶间腐蚀性能分别见表 2-35 和表 2-36。

表 2-34　奥氏体不锈钢成分与特点

序号	成分/%	特点
1	C<0.1	防晶间腐蚀
2	Cr 17~25	提高耐腐蚀性
3	Ni 9~20	调节组织状态，改善韧性
4	Mo 约6	耐点状腐蚀性能
5	Nb 5C	提高耐晶界腐蚀性能，使钢稳定化
6	Ti 10C	提高耐晶界腐蚀性能，使钢稳定化
7	N<0.4	一般 0.2%，提高其强度
8	Cu 约2	提高钢的耐腐蚀性
9	Mn 约10	韧性好，提高韧性和强度

表 2-35　奥氏体不锈钢的化学成分（节选）

钢号	C	Si	Mn	P	S	Cr	N	Cu	Mo	Ni	Ti	Nb
X10CrNi18-8	0.05~0.15	≤2.00	≤2.00	≤0.045	≤0.015	16.00~19.00	≤0.11	—	≤0.80	6.00~9.50	—	—
X2CrNiN18-7	≤0.03	≤1.00	≤2.00	≤0.045	≤0.015	16.50~18.50	0.10~0.20	—	—	6.00~8.00	—	—
X2CrNi18-9	≤0.03	≤1.00	≤2.00	≤0.045	≤0.015	17.50~19.50	≤0.11	—	—	8.00~10.00	—	—

续表 2-35

钢 号	化学成分/%											
	C	Si	Mn	P	S	Cr	N	Cu	Mo	Ni	Ti	Nb
X6CrNiTi18-10	≤0.08	≤1.00	≤2.00	≤0.045	≤0.015	17.00~19.00	—	—	—	9.00~12.00	5C~0.70	—
X6CrNiNb18-10	≤0.08	≤1.00	≤2.00	≤0.045	≤0.015	17.00~19.00	—	—	—	9.00~12.00	—	10C~1.00
X2CrNiMo17-12-3	≤0.03	≤1.00	≤2.00	≤0.045	≤0.015	16.50~18.50	≤0.11	—	2.50~3.00	10.50~13.00	—	—
X2CrNiMo N17-13-3	≤0.03	≤1.00	≤2.00	≤0.045	≤0.015	16.50~18.50	0.12~0.22	—	2.50~3.00	11.00~14.00	—	—
X1CrNiSi18-15-4	≤0.015	3.7~4.5	≤2.00	≤0.025	≤0.010	16.50~18.50	≤0.11	—	≤0.20	14.00~16.00	—	—
X1NiCrMo Cu31-27-4	≤0.02	≤0.70	≤2.00	≤0.030	≤0.010	26.00~28.00	≤0.11	0.70~1.5	3.00~4.00	30.00~32.00	—	—

表 2-36 奥氏体钢（淬火状态）室温下力学性能及抗晶间腐蚀能力

钢号	材料号	屈服强度/N·mm⁻²（板:δ≤75mm；钢棒及轧制件）0.2%塑性变形	1%塑性变形	纵向	板状(A5)/mm <3 纵向	≥3≤75 横向	钢棒及轧制 尺寸/mm	纵向	横向	切向	V型缺口冲击功/J 尺寸/mm	纵向	横向	切向	抗晶间腐蚀(DIN 50904) 供货状态	焊接状态
X5CrNi18-10	1.4301	195	230	500~700	40	40	≤160	45	—	40	≤160	85	55	70	有	有
							>160	—	35	40	>160	—	55	65		
X5CrNi18-12	1.4303	185	220	490~690	40	40	≤160	45	—	—	≤160	85	55	—	有	有
X10CrNiS18-9	1.4305	195	230	500~700	42	35	≤160	35	—	—	≤160	—	—	—	无	无
X2CrNi19-11	1.4306	180	215	460~680	40	40	≤160	45	—	40	≤160	85	55	70	有	有
							>160	—	35	40	>160	—	55	65		
X2CrNiN18-10	1.4311	270	305	550~760	42	35	≤160	40	—	35	≤160	85	55	65	有	有
							>160	—	30	35	>160	—	55(50)	60		

2.6.4 铁素体-奥氏体不锈钢

铁素体-奥氏体不锈钢用于化工、食品等行业，耐应力、腐蚀性能好、强度高，其成分特点如表 2-37 所示，化学成分见表 2-38。

表 2-37   铁素体不锈钢成分与特点

序号	成分/%	特 点
1	C<0.05	耐晶间腐蚀性
2	Cr 22~27	耐腐蚀性
3	Ni 4~7	调节组织状态
4	Mo 约 4	耐点状腐蚀性
5	Cu 约 2	提高耐腐蚀性

表 2-38   铁素体-奥氏体不锈钢化学成分

钢 号	化学成分/%										
	C（最大）	Si（最大）	Mn（最大）	P（最大）	S（最大）	N	Cr	Cu	Mo	Ni	W
X2CrNiN23-4	0.030	1.00	2.00	0.035	0.015	0.05~0.20	22.00~24.00	0.10~0.60	0.10~0.60	3.50~5.50	—
X3CrNiMoN27-5-2	0.05	1.00	2.00	0.035	0.015	0.05~0.20	25.00~28.00	—	1.30~2.00	4.50~6.50	
X2CrNiMoN22-5-3	0.030	1.00	2.00	0.035	0.015	0.10~0.22	21.00~23.00	—	2.50~3.50	4.50~6.50	
X2CrNiMoCuN25-6-3	0.030	0.70	2.00	0.035	0.015	0.15~0.30	24.00~26.00	1.00~2.50	2.70~4.00	5.50~7.50	—
X2CrNiMoN25-7-4	0.030	1.00	2.00	0.035	0.015	0.20~0.35	24.00~26.00	—	3.00~4.50	6.00~8.00	—
X2CrNiMoCuWN25-7-4	0.030	1.00	1.00	0.035	0.015	0.20~0.30	24.00~26.00	0.50~1.00	3.00~4.00	6.00~8.00	0.50~1.00

2.7   高合金耐热钢

耐热钢和耐热合金的国际标准为 ISO 4955：2005。耐热钢和耐热合金的欧洲标准为 EN 10095。为提高耐热钢的抗氧化性、热强性并改善其加工工艺，两种基本合金系统中，还分别加入 Ti、Nb、Al、W、V、Mo、B、Si、Mn 和 Cu 等合金元素。

耐热钢和耐热合金的热强机理主要有固溶强化、微小析出物、面心立方晶格等方式，固溶强化、析出强化以及晶格强化，这些均通过高合金耐热钢中的合金元素完成，化学成分对高合金耐热钢有着重要的影响。针对合金元素固溶强化以及析出强化，奥氏体耐热钢

表2-39 高合金耐热钢标准牌号（ISO 4955：1994，节选）

序号	牌　号	主要元素含量/%								
		C	Si	Mn（最大）	P（最大）	S（最大）	N	Cr	Ni	其他
	铁素体钢									
1	X2CrTi12	≤0.03	≤1.00	1.00	0.040	0.015	—	10.5~12.5	—	Ti：(C+N)~0.65
2	X6Cr13	≤0.08	≤1.00	1.00	0.040	0.030	—	12.0~14.0	≤1.00	—
3	X10CrAlSi13	≤0.12	0.70~1.40	1.00	0.040	0.015	—	12.0~14.0	≤1.00	Al：0.70~1.20
4	X6Cr17	≤0.08	≤1.00	1.00	0.040	0.030	—	16.0~18.0	≤1.00	—
5	X10CrAlSi18	≤0.12	0.70~1.40	1.00	0.040	0.015	—	17.0~19.0	≤1.00	Al：0.70~1.20
6	X10CrAlSi25	≤0.12	0.70~1.40	1.00	0.040	0.015	—	23.0~26.0	≤1.00	Al：1.20~1.70
7	X15CrN26	≤0.20	≤1.00	1.00	0.040	0.030	0.15~0.25	24.0~28.0	≤1.00	—
8	X12CrTiNb18	≤0.03	≤1.00	1.00	0.040	0.015	—	17.5~18.5	≤1.00	Ti：0.10~0.60 Nb：(3C+0.30)~1.00
9	X3CrTi17	≤0.05	≤1.00	1.00	0.040	0.015	—	16.0~18.0	≤1.00	Ti：[4(C+N)+0.15]~0.80
	奥氏体钢									
10	X7CrNi18-9	0.04~0.10	≤1.00	2.00	0.045	0.030	—	17.0~19.0	8.0~11	—
11	X7CrNTi18-10	0.04~0.10	≤1.00	2.00	0.045	0.030	—	17.0~19.0	9.0~12.0	Ti：5C~0.80
12	X7CrNiNb18-10	0.04~0.10	≤1.00	2.00	0.045	0.030	—	17.0~19.0	9.0~12.0	Nb：10C~1.20
13	X15CrNiSi20-12	≤0.20	1.50~2.50	2.00	0.045	0.030	≤0.11	19.0~21.0	11.0~13.0	—
14	X7CrNiSiNCe21-11	0.05~0.10	1.40~2.00	0.08	0.045	0.030	0.14~0.20	20.0~22.0	10.0~12.0	Ce：0.03~0.08
15	X12CrNi23-13	≤0.15	≤1.00	2.00	0.045	0.015	≤0.11	22.0~24.0	12.0~14.0	—
16	X8CrNi25-21	≤0.10	≤1.50	2.00	0.045	0.015	≤0.11	24.0~26.0	19.0~22.0	—
17	X8NiCrAlTi32-21	0.05~0.10	≤1.00	1.50	0.015	0.015	—	19.0~23.0	30.0~34.0	Al：0.15~0.60 Ti：0.15~0.60 Cu：≤0.07
18	X6CrNiSiNCe19-10	0.04~0.08	1.00~2.00	1.00	0.045	0.015	0.12~0.20	18.0~20.0	9.0~11.0	Ce：0.03~0.08
19	X6CrNiSiNCe35-25	0.04~0.08	1.20~2.00	2.00	0.040	0.015	0.12~0.20	24.0~26.0	34.0~36.0	Ce：0.03~0.08

中，铬是通过 γ 固溶体强化；钼的强化作用在于稳定 γ 固溶体和晶界的强化（在弥散硬化钢中，钼弥散强化作用最强）；碳和氮共同提高奥氏体钢的热强性；硅和铝能提高奥氏体钢的抗氧化性；钨相似于钼，与其他元素共同引起固溶体的弥散硬化。加入 Cu、Al、Ti、B、Nb、N 等元素可促使钢产生弥散硬化，从而提高钢的热强性。

按基本合金系，高合金耐热钢可分为两类，即铬镍型高合金耐热钢和高铬型高合金耐热钢。其中典型的有马氏体钢管材（EN 10028-2）X10CrMoVNb9-1（T91、P91）；无 δ 铁素体的奥氏体钢（EN 10028-7）X8CrNiMoNb16-16、X8CrNiNb16-13、X8CrNiMoN17-13 等。针对耐热钢和耐热合金的 ISO 4955：1994 标准中，典型钢材牌号见表 2-39。

2.8 铸铁、铸钢

铸钢一般是碳含量为 0.15%~0.60% 的铁碳合金；碳含量大于 2.11% 的铁碳合金称为铸铁。

2.8.1 铸铁

工业常用铸铁成分如表 2-40 所示。铸铁与碳钢的不同主要是 C、Si 含量较高，以及含有较多的 S 和 P，通常，铸铁中加入 Cr、Mo、V、Cu、Al 等时称为合金铸铁。

表 2-40 工业常用铸铁成分

序　号	元　素	含量/%
1	C	2.5~4.0
2	Si	1.0~3.0
3	Mn	0.5~1.4
4	P	0.1~0.5
5	S	0.02~0.20

按照化学成分和制造方法不同，铸铁可分为灰口铸铁、白口铸铁、球墨铸铁、可锻铸铁和蠕墨铸铁。

国内相关标准中，各种铸铁代号由表示该铸铁特征的汉语拼音字的第一个大写正体字母组成，当两种铸铁名称的代号字母相同时，可在该大写正体字母后加小写正体字母来区别，同一名称铸铁需要细分时，取其细分特点的汉语拼音字母第一个大写正体字母排列在后面。其代号见表 2-41。

表 2-41 各种铸铁名称代号及牌号表示方法示例

铸铁名称	代号	示　例	铸铁名称	代号	示　例
灰铸铁	HT	HT100	抗磨白口铸铁 抗磨球墨铸铁	KmTB KmTQ	KmTBMn5Mo2Cu KmTQMn6
蠕墨铸铁	RuT	RuT400	冷硬铸铁	LT	LTCrMoR
球墨铸铁	QT	QT400-17	耐蚀铸铁 耐蚀球墨铸铁	ST STQ	STSi15R STQA15Si5

续表 2-41

铸铁名称	代号	示　例	铸铁名称	代号	示　例
黑心可锻铸铁 白心可锻铸铁 球光体可锻铸铁	KTH KTB KTZ	KTH300-06 KTB350-04 KTZ450-06	耐热铸铁 耐热球墨铸铁	RT RTQ	RTCr2 RTQA16
耐磨铸铁	MT	MTCu1PTi-150	奥氏体铸铁	AT	—

合金化元素符号用国际化学元素符号表示，混合稀土元素符号用"RE"表示。含量及力学性能用阿拉伯数字表示。

在牌号中，常规 C、Si、Mn、S、P 元素一般不标注，有特殊作用时，才标注其元素符号及含量。合金化元素的质量分数大于或等于1%时，用整数表示；小于1%时，一般不标注，只有对该合金特性有较大影响时，才予以标注。合金化元素按其含量递减次序排列，含量相等时按元素符号的字母顺序排列。

牌号中代号后面的一组数字表示抗拉强度；有两组数字时，第一组表示抗拉强度值，第二组表示伸长率值，两组数字间用短横线隔开。当牌号中标注元素符号及含量还需标注抗拉强度时，抗拉强度值置于符号及含量之后，之间用短横线隔开。例如：QT400-17，其中：QT 为球墨铸铁代号，400 为抗拉强度（MPa），17 为伸长率（%）；MTCu1PTi-150，其中：MT 为耐磨铸铁代号，Cu 为铜的元素符号，1 为铜的名义质量分数（%），P 为磷的元素符号，Ti 为钛的元素符号，150 为抗拉强度（MPa）。

国外及国际上的铸铁相关标准主要有 EN 1561（ISO 1085）：灰口铸铁—分类；EN 1562（ISO 5922）：可锻铸铁；EN 1563（ISO1083）：球墨铸铁。

系列标准中，灰口铸铁：缩写 GG（HT）。可锻铸铁分为脱碳退火可锻铸铁，缩写 GTW（黑心或铁素体可锻铸铁 KTH）；非脱碳可锻铸铁，缩写 GTS（珠光体可锻铸铁 KTZ）。球墨铸铁：缩写 GGG（QT）。球墨铸铁、脱碳退火可锻铸铁和非脱碳退火可锻铸铁的特性分别见表 2-42～表 2-44。

表 2-42　球墨铸铁的特性

材料标记		抗拉强度 $R_m/\text{N} \cdot \text{mm}^{-2}$	0.2%屈服点$/\text{N} \cdot \text{mm}^{-2}$	伸长率 $A_s/\%$
符号标记	数字标记	（最低）	（最低）	（最低）
EN-GJS-350-22-LT	EN-JS1015	350	220	22
EN-GJS-350-22-RT	EN-JS1014	350	220	22
EN-GJS-350-22	EN-JS1010	350	220	22
EN-GJS-400-18-LT	EN-JS1025	400	240	18
EN-GJS-400-18-RT	EN-JS1024	400	250	18
EN-GJS-400-18	EN-JS1020	400	250	18
EN-GJS-400-15	EN-JS1030	400	250	15
EN-GJS-450-10	EN-JS1040	450	310	10
EN-GJS-500-7	EN-JS1050	500	320	7
EN-GJS-600-3	EN-JS1060	600	370	3

材料标记		抗拉强度 R_m/N·mm^{-2} （最低）	0.2%屈服点/N·mm^{-2} （最低）	伸长率 A_s/% （最低）
符号标记	数字标记			
EN-GJS-700-2	EN-JS1070	700	420	2
EN-GJS-800-2	EN-JS1080	800	480	2
EN-GJS-900-2	EN-JS1090	900	600	2

表2-43　脱碳退火可锻铸铁（GTW）的特性

材料标记		名义试件尺寸 D/mm	抗拉强度 R_m /N·mm^{-2} （最低）	伸长率 A/% （最低）	0.2%屈服强度 $R_{p0.2}$/N·mm^{-2} （最低）	布氏硬度 HB （最高）
符号标记	数字标记					
EN-GJMW-350-4	EN-JM1010	6 9 12 15	270 310 350 360	10 5 4 3	— — — —	230
EN-GJMW-360-12	EN-JM1020	6 9 12 15	280 320 360 370	16 15 12 7	— 170 190 200	200
EN-GJMW-400-5	EN-JM1030	6 9 12 15	300 360 400 420	12 8 5 4	— 200 220 230	220
EN-GJMW-450-7	EN-JM1040	6 9 12 15	330 400 450 480	12 10 7 4	— 230 260 280	220
EN-GJMW-550-4	EN-JM1050	6 9 12 15	— 490 550 570	— 5 4 3	— 310 340 350	250

表2-44　非脱碳退火可锻铸铁（GTS）的特性

材料标记		名义试件尺寸 D/mm	抗拉强度 R_m /N·mm^{-2} （最低）	延伸率 A/% （最低）	0.2%屈服强度 $R_{p0.2}$/N·mm^{-2} （最低）	布氏硬度 HB
符号标记	数字标记					
EN-GJMB-300-6	EN-JM1110	12或15	300	6	—	150 最高
EN-GJMB-350-10	EN-JM1130	12或15	350	10	200	150 最高

续表 2-44

材料标记		名义试件尺寸 D/mm	抗拉强度 R_m /N·mm⁻² （最低）	延伸率 A/% （最低）	0.2%屈服强度 $R_{p0.2}$/N·mm⁻² （最低）	布氏硬度 HB
符号标记	数字标记					
EN-GJMB-450-6	EN-JM1140	12 或 15	450	6	270	150~200
EN-GJMB-500-5	EN-JM1150	12 或 15	500	5	300	165~215
EN-GJMB-550-4	EN-JM1160	12 或 15	550	4	340	180~230
EN-GJMB-600-3	EN-JM1170	12 或 15	600	3	390	195~245
EN-GJMB-650-2	EN-JM1180	12 或 15	650	2	430	210~260
EN-GJMB-700-2	EN-JM1190	12 或 15	700	2	530	240~290
EN-GJMB-800-1	EN-JM1200	12 或 15	800	1	600	270~320

2.8.2 铸钢

　　铸钢的相关标准有 DIN 1681《一般用途的铸钢》，该标准中主要涵盖类似于碳钢和细晶粒结构钢（焊前预热温度取决于铸钢种类、焊接条件、壁厚和零件尺寸）；DIN 17182《低合金铸钢》，涵盖一般用途的具有良好焊接性和韧性的铸钢；此外还有 DIN 17245《热强铁素体铸钢》、DIN 17445《铸造不锈钢》、EN 10213-2、3、4《承压用途铸钢》等标准。

　　DIN 1681 标准中，作为一般应用的铸钢，其力学性能和磁性如表 2-45 所示。

表 2-45　各种铸钢的力学性能和磁性

铸钢种类		屈服极限[1] /N·mm⁻² （最低）	抗拉强度 /N·mm⁻² （最低）	伸长率/% （最低）	断面收缩率[2]/% （最低）	冲击功（ISO-V 试样） <30mm/>30mm 平均值[3]/J （最低）		下列场强度时磁感应强度[4]/T （最低）		
名称	材料号							25A/cm	50A/cm	100A/cm
GS-38	1.0420	200	380	25	40	35	35	1.45	1.60	1.75
GS-45	1.0446	230	450	22	31	27	27	1.40	1.55	1.70
GS-52	1.0552	260	520	18	25	27	22	1.35	1.55	1.70
GS-60	1.0558	300	600	15	21	27	20	1.30	1.50	1.65

①如没有明显的屈服极限时，可用 0.2%的屈服极限。

②试验数值对验收无关重要。

③由各三个单独数值确定。

④这些数值只按协议规定有效。

　　按 EN 10213-2、3、4 标准用于承压用途铸钢的化学成分如表 2-46 所示。

表 2-46　用于承压用途铸钢的化学成分　　　　　　　　　　（%）

标记		C	Si （最大）	Mn	P	S	Cr	Mo	Ni
名称	数字标记								
G17Mn5	1.1131	0.15~0.20	0.60	1.00~1.60	0.020	0.020[1]			

续表 2-46

标　记		C	Si（最大）	Mn	P	S	Cr	Mo	Ni
名称	数字标记								
G20Mn5	1.6220	0.17~0.23	0.60	1.00~1.60	0.020	0.020①			0.80（最大）
G18Mn5	1.5422	0.15~0.20	0.60	0.80~1.20	0.020	0.020		0.45~0.80	
G9Ni10	1.5636	0.06~0.12	0.60	0.50~0.80	0.020	0.015			2.00~3.00
G17NiCrMo13-6	1.6781	0.15~0.19	0.60	0.55~0.80	0.015	0.015	1.30~1.80	0.45~0.60	3.00~3.50
G9Ni14	1.5638	0.06~0.12	0.60	0.50~0.80	0.020	0.015			3.00~4.00
GX3CrNi13-4	1.6982	0.05（最大）	1.00	1.00（最大）	0.035	0.015	12.00~13.50	0.70（最大）	3.50~5.00

①对于轧制厚度<28mm 的铸钢，允许 S 含量为 0.030%。

2.9　铝及铝合金

铝及铝合金按材料的基本加工方法分为铸造铝合金和变形铝合金，而按材料性能分类见图 2-1。

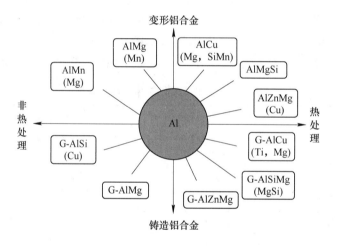

图 2-1　铝及铝合金按材料性能分类

GB/T 16474—1996《变形铝及铝合金牌号表示方法》规定：化学成分与国际牌号注册协议组织命名相同的合金，其牌号采用国际四位数字体系牌号；否则采用四位字符体系牌号。

（1）国际四位数字体系牌号的第一位数字表示组别，如表 2-47 所示。

表 2-47　铝及铝合金的组别

组　别	牌号系列	组　别	牌号系列
纯铝（铝的质量分数不小于 99.00%）	1×××	以镁和硅为主要合金元素，并以 Mg_2Si 相为强化相的铝合金	6×××
以铜为主要合金元素的合金	2×××	以锌为主要合金元素的合金	7×××

组　别	牌号系列	组　别	牌号系列
以锰为主要合金元素的合金	3×××	以其他合金元素为主要合金元素的铝合金	8×××
以硅为主要合金元素的合金	4×××	备用合金组	9×××
以镁为主要合金元素的合金	5×××		

其中，1×××组最后两位数字表示最低铝的质量分数中小数点后面的两位；牌号的第二位表示合金元素或杂质极限含量的控制情况。2×××~8×××牌号中的最后两位数字没有特殊意义，仅用来识别同一组中的不同合金。其第二位表示改型情况，如果第二位为0，表示为原始合金；如果是1~9，则表示为改型合金。

针对性能而言，非热处理强化铝合金主要包括3×××系列、4×××系列、5×××系列，而热处理铝合金包括2×××系列、6×××系列、7×××系列。

（2）四位字符体系牌号的第一、三、四位为阿拉伯数字，第二位为英文大写字母（C、I、L、O、P、Q、Z字母除外）。牌号的第一位数字表示铝及铝合金的组别。除改型合金外，铝合金组别按主要合金元素（6×××系按Mg_2Si）来确定。主要合金元素指极限含量算术平均值，牌号的第二位字母表示原始纯铝或铝合金的改型情况，最后两位数字用以标识同一组中不同的铝合金或表示铝的纯度。

其中，牌号1×××最后两位数字表示铝的最低质量分数。如果第二位的字母为A，表示为原始纯铝；如果是B~Y的其他字母，则表示为原始纯铝的改型。牌号2×××~8×××表示铝合金。最后两位数字没有特殊意义，仅用来区分同一组中不同的铝合金。第二位字母如果是A，表示为原始合金；如果是B~Y的其他字母，则表示为原始合金的改型合金。

工业纯铝含铝在99%以上，按其杂质的多少可分为L01、L02、L1、L2、L3、L4、L5、L6，其中L01含杂质最少。

铝合金按照使用状态的不同，可分为变形铝合金与铸造铝合金。经过冷、热加工，以锻坯、板材、管子、棒材等形式供应的铝合金，都称为变形铝合金。铸造铝合金主要是铝硅合金（ZL、ZL10、ZL11）、铝铜合金（ZL1、ZL2）、铝镁合金（ZL5、ZL6）。应用最多的是铝硅合金，这类合金铸造性能良好，并有较好的耐蚀性和耐热性，但其力学性能差。

新旧标准牌号的对照见表2-48。变形铝及铝合金型号表示方法见表2-49。

表 2-48　变形铝及铝合金新旧牌号对照表

新牌号	旧牌号	新牌号	旧牌号	新牌号	旧牌号	新牌号	旧牌号
1A99	原LG5	2B12	原LY9	3003		5456	
1A97	原LG4	2A13	原LY13	3103		5082	
1A95		2A14	原LD10	3004		5182	
1A93	原LG3	2A16	原LY16	3005		5083	原LF4
1A90	原LG2	2B16	曾用LY16-1	3105		5183	
1A85	原LG1	2A17	原LY17	4A01	原LT1	5086	
1080		2A20	曾用LY20	4A11	原LD11	6A02	原LD2

新牌号	旧牌号	新牌号	旧牌号	新牌号	旧牌号	新牌号	旧牌号
1080A		2A21	曾用214	4A13	原LT13	6070	原LD2-2
1070		2A25	曾用225	4A17	原LT17	6181	
1070A	代L1	2A49	曾用149	4004		6082	
1370		2A50	原LD5	4032		7A01	原LB1
1060	代L2	2B50	原LD6	4043		7A03	原LC3
1050		2A70	原LD7	4043A		7A04	原LC4
1050A	代L3	2B70	曾用LD7-1	4047		7A05	曾用705
1A50	原LB2	2A80	原LD8	4047A		7050	
1350		2A90	原LD9	5A01	曾用2101、LF15	7075	
1145		2004		5A02	原LF2	7475	
1035	代L4	2011		5A03	原LF3	8A06	原L6
1A30	原L4-1	2014		5A05	原LF5	8011	曾用LT98
1100	代L5-1	2014A		5B05	原LF10	8090	
1200	代L5	2214		5A06	原LF6	5056	原LF5-1
1235	L6	2017		5B06	原LF14	5356	
2A01	原LY1	2017A		5A12	原LF12	6063	原LD31
2A02	原LY2	2117		5A13	原LF13	6063A	
2A04	原LY4	2218		5A30	曾用2103、LF16	7005	
2A06	原LY6	2618		5A33	原LF33	7020	
2A10	原LY10	2219	曾用LY19、147	5A41	原LT41	7022	
2A11	原LY11	2024		5A43	原LF43	5154A	
2B11	原LY8	2124		5A66	原LT66	5454	
2A12	原LY12	3A21	原LF21	5005		5554	
5019		6B02	原LD2-1	7A09	原LC9	5754	
5050		6A51	曾用651	7A10	原LC10	6351	
5251		6101		7A15	曾用LC15、157	6060	原LD30
5052		6101A		7A19	曾用919、LC19	6061	
5154		6005		7A31	曾用183-1	7A52	曾用LC52、5210
		6005A		7A33	曾用LB733	7003	原LC12

注："原"是指化学成分与新牌号等同，且都符合 GB 3190—1982 规定的旧牌号；"代"是指与新牌号的化学成分相近似，且符合 GB 3190—1982 规定的旧牌号；"曾用"是指工业生产时曾经用过的牌号，但没有收入 GB 3190—1982 中。

表 2-49 GB/T 16474—1996 变形铝及铝合金型号表示方法

代号	名　称	说明与应用
F	自由加工状态	适用于在成型过程中，对于加工硬化和热处理条件无特殊要求的产品，该状态产品的力学性能不作规定

续表 2-49

代号	名　称	说明与应用
O	退火状态	适用于经完全退火获得最低强度的加工产品
H	加工硬化状态	适用于通过加工硬化提高强度的产品，产品加工硬化后可经过（也可不经过）使强度有所降低的附加热处理，H 代号后面必须跟有两位或三位阿拉伯数字，H1×—只是加工硬化，无附加的热处理状态；H2×—加工硬化和部分退火，较好的变形特性状态；H3×—加工硬化，稳定化处理状态；H4×—加工硬化，烤漆状态
W	固溶热处理状态	一种不稳定状态：仅适用于经固溶处理后，室温下自然时效的合金，该状态代号合金仅表示产品处于自然时效状态
T	热处理状态（不同于 F、O、H 状态）	适用于热处理后，经过（或不经过）加工硬化达到稳定状态的产品，T 代号后面必须跟有一位或多位阿拉伯数字

　　铝及铝合金的热处理状态代号意义见表 2-50。国际上其他关于铝及铝合金标识标准的对照见表 2-51。

表 2-50　T×细分状态代号说明与应用

状态代号	说明与应用
T0	固溶热处理后，经自然时效再经过冷加工的状态，适用于经冷加工提高强度的产品
T1	高温下快速冷却，自然时效。由高温成型过程冷却，然后自然时效至基本稳定的状态，适用于由高温成型过程冷却后，不再进行冷加工（可进行矫直、矫平，但不影响力学性能极限）的产品
T2	高温下快速冷却，冷加工，自然时效。由高温成型过程冷却，经冷加工后自然时效至基本稳定的状态，适用于由高温成型过程冷却后，进行冷加工或矫直、矫平以提高强度的产品
T3	固溶处理，冷加工，自然时效。固溶热处理后进行冷加工，再经自然时效至基本稳定的状态，适用于在固溶处理后，进行冷加工或矫直、矫平以提高强度的产品
T4	固溶处理，自然时效。固溶处理后自然时效至基本稳定的状态，适用于固溶热处理后，不再进行冷加工（可进行矫直、矫平，但不影响力学性能极限）的产品
T5	高温下快速冷却，人工时效。由高温成型过程冷却，然后进行人工时效的状态，适用于由高温成型过程冷却后，不再进行冷加工（可进行矫直、矫平，但不影响力学性能极限），予以人工时效的产品
T6	固溶处理，人工时效。固溶热处理后，进行人工时效的状态，适用于固溶热处理后，不再进行冷加工（可进行矫直、矫平，但不影响力学性能极限）的产品
T7	固溶处理，稳定化处理。固溶热处理后进行过时效的状态，适用于固溶热处理后，为获取某些重要特性，在人工时效时，强度在时效曲线上越过了最高峰点的产品
T8	固溶处理，冷加工和人工时效。固溶热处理后经冷加工，然后进行人工时效的状态，适用于经冷加工或矫直、矫平以提高强度的产品
T9	固溶处理，人工时效，冷加工。固溶热处理后人工时效，然后进行冷加工的状态，适用于经冷加工提高强度的产品
T10	由高温成型过程冷却后，进行冷加工，然后人工时效的状态，适用于经冷加工或矫直、矫平以提高强度的产品
T×51	在 T×回火条件下通过拉伸减少内应力
T×52	在 T×回火条件下通过压缩减少内应力

表 2-51　铝及铝合金标识的对照

	按 DIN EN 288-4 分类	按 DIN 1725-1（塑性合金）的代号 按 DIN 1725-2（铸造合金）的代号	按 DIN EN 573 的代号
21	杂质或合金成分≤1%的纯铝	Al99.98 Al99.8 Al99.5 Al99.0	EN AW-Al99.98（EN AW-1098） EN AW-Al99.8(A)（EN AW-1080A） EN AW-Al99.5（EN AW-1050A） EN AW-Al99（EN AW-1200）
22.3	非热处理的 AlMg 合金 1.5%<Mg 含量≤3.5%	AlMg2.7 AlMgMn0.8 AlMg3	EN AW-AlMg2Mn0.8（EN AW-5049） EN AW-AlMg2.5（EN AW-5052） EN AW-AlMg3（EN AW-5754）
22.4	非热处理的 AlMg 合金 3.5%<Mg 含量≤5%	AlMg4.5Mn AlMg5	EN AW-Mg4.5Mn0.7（EN AW-5083） EN AW-AlMg5（EN AW-5019）
23.1	可热处理的 AlMgSi 合金	AlMgSi0.5 AlMgSi0.5Mn AlMgSi0.7 AlMgSi1	EN AW-AlMgSi（EN AW-6060） EN AW-AlSiM(A)（EN AW-6005A） EN AW-AlSiMgMn（EN AW-6082） —
23.2	可热处理的 AlZnMg 合金	AlZn4.5Mg1	EN AW-AlZn4.5Mg1（EN AW-7020）
24.1	非热处理的 AlSi 铸造合金 Cu 含量≤1%和 5%<Si 含量≤15%	G-AlSi12，GK-AlSi12	EN AC-AlSi12（EN AC-44200）
24.2	可热处理的 AlSiMg 铸造合金 Cu 含量≤1%，5%<Si 含量≤15% 和 0.1%<Mg 含量≤0.8%	G-AlSi7Mgwa，GK-AlSi7Mgwa G-AlSi9Mgwa，GK-AlSi9Mgwa G-AlSi10Mgwa，GK-AlSi10Mgwa	EN AC-AlSi7Mg（EN AC-42000） EN AC-AlSi9Mg（EN AC-43300） EN AC-AlSi10Mg（EN AC-43400）
26	非热处理的 AlCu 铸造合金 2%<Si 含量≤6%	G-AlCu4Tiwa，GK-AlCu4Tiwa	EN AC-AlCu4Ti（EN AC-21100）

2.10　镍及镍合金

镍及镍合金的特点是固态时具有面心立方结构，无同素异构转变；具有优良的耐腐蚀性能和耐高温性能（200~1090℃），同时保持良好的低温力学性能。其主要应用在以下几方面：

（1）与铁作合金来制造特殊钢（如不锈钢）；

（2）表面电镀纯 Ni（使金属材料防腐）；

（3）在强腐蚀和高温环境中广泛应用镍合金。

按化学成分，镍及镍合金主要分为 Ni-Fe 合金、Ni-Cu 合金（又称蒙乃尔（Monel）合金）、Ni-Cr、Ni-Cr-Fe 合金（又称因科镍（Inconel））、Ni-Mo-Cr-Fe 合金（又称哈斯特洛依合金（Hastelloy））。与镍基合金相关的 ISO 标准见表 2-52，ISO、DIN、GB 标准及名称对比见表 2-53。典型的镍基材料（ISO 9722）见表 2-54。镍及镍合金的性能及应用见表 2-55。

表 2-52　镍基合金相关的 ISO 标准

标准号	标准名称
ISO 9722（11/97）	镍与镍合金—塑性材料的化学成分和产品形式
ISO 6207（7/9）	镍与镍合金无缝管
ISO 6208（7/92）	镍与镍合金板材与带材
ISO 6372-1（7/89）	镍与镍合金—术语和定义，第一部分：材料
ISO 6372-2	镍与镍合金—术语和定义，第一部分：精炼产品
ISO 6372-3	镍与镍合金—术语和定义，第一部分：塑性产品及铸件
ISO/DIS 9723	镍与镍合金棒材
ISO/DIS 9724	镍与镍合金线材
ISO/DIS 9725	镍与镍合金锻件

表 2-53　ISO、DIN、GB 的镍及镍合金标准及名称对比

ISO 9722（1992）		DIN 17742	GB/T 5235	美国名称	中国名称
数字标记	化学标记	NiCu30Fe	NCu40-2-1	蒙乃尔合金（Monel）	40-2-1
NW4400	NiCu30			或 400 合金	镍铜合金

表 2-54　典型的镍基材料（ISO 9722）

合金标记		DIN 标记	材料编号	合金名称
数字	符号			
NW2200	Ni99.0	Ni99.2	2.4066	Nickel200
NW2201	Ni99.0LC	LC-Ni99	2.4068	Nickel201
NW3021	NiCo20Cr15Mo5Al4Ti	NiCo20Cr15MoAlTi	2.4634	Alloy105
NW7263	NiCo20Cr20Mo5Ti2Al	NiCo20Cr20MoTi	2.4650	AlloyC-263
NW7001	NiCr20Co13Mo4Ti3Al	NiCr19Co14Mo4Ti	2.4654	Heat resistant
NW7090	NiCr20Co18Ti3	NiCr20Co18Ti	2.4632	Alloy90
NW6617	NiCr22Co12Mo9	NiCr23Co12Mo	2.4663	Alloy617
NW7750	NiCr15Fe7Ti2Al	NiCr16FeTiNb	2.4694	Alloy750
NW6600	NiCr15Fe8	NiCr15Fe	2.4816	Alloy600
NW6602	NiCr15Fe8-LC	LC-NiCr15Fe	2.4817	Alloy602
NW7718	NiCr19Fe19Nb5Mo3	NiCr19NbMo	2.4666	Alloy718
NW6002	NiCr21Fe18Mo9	NiCr22Fe18Mo	2.4665	AlloyX
NW6007	NiCr22Fe20Mo6Cu2Nb	NiCr22Mo6Cu	2.4618	AlloyG
NW6985	NiCr22Fe20Mo7Cu2	NiCr22Mo7Cu	2.4619	AlloyG3
NW6601	NiCr23Fe15Al	NiCr23Fe	2.4851	Alloy601
NW0003	NiMo16Cr7Fe4			Haynes Alloy N
NW00041	NiMo24Fe6Cr5			Haynes Alloy W
NW0629	NMo28Fe4Co2Cr	NiMo29Cr	2.4600	Krupp-VDM Alloy B-4

续表 2-54

合金标记		DIN 标记	材料编号	合金名称
数字	符　号			
NW0675	NiMo29Cr2Fe2W2	NiMo30Cr	2.4703	Haynes Alloy B-3
NW6025	NiCr25Fe9Ar2	NiCr25FeAlYC	2.4633	Krupp-VDM Alloy 602 CA
NW6030	NiCr30Fe15Mo5Cu2Nb	NiCr30FeMo	2.4603	Haynes Alloy G-30
NW6045	NiCr28Cr23Mo16S13	NiCr28FeSiCe	2.4889	Krupp-VDM Alloy 45TM
NW6059	NiCr23Mo16	NiCr21Mo16Al	2.4605	Krupp-VDM Alloy 59
NW6200	NiCr23Mo16Cu2	NiCr23Mo16Cu	2.4675	Haynes-C-2000
NW6230	NiCr22W14Mo2	NiCr22W14Mo	2.4738	Haynes Alloy 230
NW6626	NiCr22Mo9Nb4-LC	NiCr22Mo9Nb	2.4856	INCO Alloy 725
NW6635	NiCr16Mo15			Haynes Alloy S
NW6686	NiCr21Mo16W4	NiCr21Mo16W	2.4606	INCO Alloy 666
NW6920	NiCr22Fe19Mo9W2			Haynes Alloy H
NW7041	NiCr19Co11Mo10Ti3Al			Haynes Alloy R-71

表 2-55　镍及镍合金的性能及应用

分　类	性能及应用
工业纯镍 （镍含量 99.0%～99.8%）	熔点为 1453℃，密度为 $8.8g/cm^3$，在空气中加热至 800℃ 也不氧化，抗腐蚀性强。屈服强度为 100MPa，抗拉强度为 400MPa，伸长率为 40%。冷变形性、焊接性、抗腐蚀性好
Ni-Fe 合金	通过镍含量调节其线膨胀系数，故多用于物理学材料，如 Ni36%
Ni-Cu 合金（蒙乃尔）	兼备 Cu 和 Ni 的耐腐蚀特性，在还原性介质中耐腐蚀性能比 Ni 强，在氧化性介质中耐腐蚀性能比 Cu 强
Ni-Cr-Fe 合金（因科镍）	γ 固溶体合金。良好的耐蚀、耐热和抗氧化能力且易加工、焊接。室温和低温的力学性能和铬镍奥氏体不锈钢相近，高温力学性能显著优于镍含量低的一般奥氏体不锈钢
Ni-Mo-Cr-Fe 合金（哈斯特洛依）	加 Mo，可以改善耐蚀性。耐一般介质腐蚀性能较纯镍稍低，但耐孔蚀和缝隙腐蚀性能优于纯镍
Fe-Ni-Cr（铁镍）合金	化学成分与奥氏体不锈钢相近，Ni 含量≥20%，具有良好的力学性能和抗氧化性能，以及良好的高温稳定性
高温时效硬化 Ni 合金	Ni-Cr-Fe 添加 Ti、Al、Nb 的合金，晶内和晶界析出 Ni_3M，使得合金强化，塑性和韧性下降，常用作燃气轮机和喷气式发动机的材料

2.11　铜及铜合金

在铜中通常可以添加 10 多种合金元素，以提高其抗蚀性、强度和改善其加工性能。加入的元素多数是以形成固溶体为主，并在加热及冷却过程中不发生同素异构转变。根据铜及铜合金的颜色和成分，可分为纯铜（紫铜）、黄铜、青铜、白铜等四大类。GB/T 5231—2012《加工铜及铜合金牌号和化学成分》中，对铜及铜合金牌号进行了规定：

（1）纯铜：工业纯铜分为冶炼产品和加工产品两类。冶炼产品用国际化学元素符号加顺序号表示，元素符号和顺序号之间划一横道，如 Cu-1；加工产品用汉语拼音字母加顺序号表示，如 T1。

（2）黄铜：普通黄铜用"H"（汉语拼音"黄"字的第一个字母）及后面的数字（表示铜的质量分数的平均值）来表示。例如，H80 表示铜的平均质量分数为 80%、其余为锌的黄铜。三元以上的黄铜用"H"加第二个主添加元素符号，以及除锌以外的成分数字组表示。例如，HSn70-1 表示铜的平均质量分数为 70%、锡的平均质量分数为 1%、余量为锌的锡黄铜。铸造产品的牌号前面加"Z"，例如 ZH62。

（3）青铜：用"Q"加第一个主添加元素符号，以及除铜以外的成分数字组表示。例如，QSn6.5-0.4 表示锡的平均质量分数为 6.5%、磷的平均质量分数为 0.4%、余量为铜的锡青铜。铸造产品的牌号前面加"Z"，例如 ZQSn10-1。

（4）白铜：用"B"加上镍的含量表示。例如，B19 表示镍的平均质量分数为 19%、余量为铜的白铜。三元以上的白铜用"B"加第二个主添加元素符号，以及除铜以外的成分数字组表示。例如，BZn15-20 表示镍的平均质量分数为 15%、锌的平均质量分数为 20%、余量为铜的白铜。

国外的铜及铜合金相关标准见表 2-56。

表 2-56　铜及铜合金相关标准

标 准	标 准 标 题	使用范围
DIN 1787	铜—半成品	一般应用标准
ISO 197-1	铜及铜合金：名词及定义，第一部分：材料	
ISO 197-2	铜及铜合金：名词及定义，第二部分：未加工品（精炼型材）	
ISO 197-3	铜及铜合金：名词及定义，第三部分：加工产品	
ISO 197-4	铜及铜合金：名词及定义，第四部分：铸件	
ISO 431	铜精炼成型	
DIN EN 1652	铜及铜合金：一般用途的板材、薄板材、带材和圆形材	
DIN EN 12449	铜及铜合金：一般用途的无缝圆管	
BS EN 14640	焊接材料，铜及铜合金熔焊用实心焊丝和焊棒，分类	
DIN EN 1654	铜及铜合金—弹簧和连接器用带材	电机工程所选标准
DIN EN 1758	铜及铜合金—引线框架用带材	
DIN EN 13599	铜及铜合金—导电用的铜板材、薄板材和带材	
DIN EN 13600	铜及铜合金—导电用的无缝铜管	
DIN EN 1172	铜及铜合金—建筑用薄板和带材	建筑工业所选标准
DIN EN 1057	铜及铜合金—卫生及热力用无缝圆形铜水管和铜气管	
DIN EN 1653	铜及铜合金—锅炉、压力容器和储热水器用的板材、薄板材和圆形材	设备结构所选标准
DIN EN 12451	铜及铜合金—热交换器用无缝圆管	

    EN 1173 标准中，规定以材料状态为标识的方法如下所示，规定以材料数字编号标识的方法具体见表 2-57。

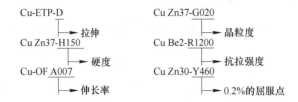

表 2-57   材料数字编号方法的标识（EN 1173 标准）

标记编号举例	材料数字号举例	说　明
Cu-DHP	CW024A	第一个字母：C—铜材；
Cu-DLP	CW023A	第二个字母：W—塑性材料，F—填充材料，C—铸造材料，S—废料；
Cu-ETP	CW004A	末尾字母（三位数后面）：A 或 B—纯 Cu，G—Cu-Al 合金，H—Cu-Ni 合金，L 或 M—Cu-Zn 合金
Cu Ni 25	CW350H	
Cu Zn 37	CW508L	

3 焊接材料标准

3.1 焊条标准

3.1.1 国内焊条分类与标识

3.1.1.1 焊条分类

焊条的工艺性能是指焊条在使用和操作时的性能,它是衡量焊条质量好坏的一个重要指标。焊条工艺性能包括焊接电弧稳定性、焊缝成型性、在各种位置上焊接的适应性、脱渣性、飞溅大小、焊条的熔化效率、药皮发红程度及焊条发尘量等。

焊条工艺性能的好坏直接影响焊接质量和焊接生产率。各种焊条的工艺性能如表 3-1 所示。

表 3-1 各类焊条的工艺性能比较

焊条牌号	J××1	J××2	J××3	J××4	J××5	J××6	J××7
药皮主要成分	TiO$_2$ 45%~60% 硅酸盐锰铁有机物	TiO$_2$ 30%~45% 硅酸盐锰铁	钛铁矿>30% 硅酸盐锰铁有机物	氧化铁>30% 硅酸盐锰铁有机物	有机物>15% 硅酸盐 TiO$_2$	碳酸盐>30% 萤石铁合金稳弧剂	碳酸盐>30% 萤石铁合金不加稳弧剂
熔渣特性	酸性、短渣	酸性、短渣	酸性、较短渣	酸性、长渣	酸性、短渣	碱性、短渣	碱性、短渣
电弧稳定性	柔和、稳定	稳定	稳定	稳定	稳定	较差、交、直	较差、直流
电弧吹力			稍大	稍大	大	稍大	稍大
飞溅	少	少	中	中	多	较多	较多
焊缝外观	纹细、美	美	美	美	粗	稍粗	稍粗
熔深	小	中	中	稍大	大	中	中
咬边	小	小	中	小	大	小	小
焊脚形状	凸	平	平、稍凸	平	平	平或凹	平或凹
脱渣性	好	好	好	好	好	较差	较差
熔化系数	中	中	稍大	大	大	中	中
尘、害	少	少	稍多	多	少	多	多
平焊	易	易	易	易	易	易	易
立向上焊	易	易	易	不可	极易	易	易
立向下焊	易	易	困难	不可	易	易	易
仰焊	稍易	稍易	易	不可	极易	稍难	稍难

　　焊条的冶金性能主要反映在焊缝金属化学成分、力学性能及抗气孔、抗裂纹的能力等方面。为获得各项性能良好的焊缝，就必然要求焊条具有良好的冶金性能。冶金性能的好坏直接关系到焊条工艺性能的好坏。钛钙型 E4315（J427）焊条的部分冶金性能见表 3-2。

表 3-2　钛钙型 E4315（J427）焊条的部分冶金性能

焊条型号	焊条牌号	所属渣系	焊缝金属化学成分/%					焊缝金属力学性能				抗热裂性	抗气孔性	备注
			C	Si	Mn	S	P	σ_b /MPa	δ /%	ψ /%	A_{KV} /J			
E4315	J427	低氢碱性	0.07~0.10	0.35~0.45	0.70~1.1	0.012~0.025	0.020~0.025	470~540	24~35	70~75	-20℃：80~230	良好	一般，对铁锈、水分很敏感，有铁锈时易产生 CO 气孔；有水锈时易出现 H 气孔，长弧焊时易出现气孔	正接时易出现气孔

　　国内根据焊条药皮组成的不同，可分为 8 种类型：

　　（1）氧化钛型，简称钛型。焊条药皮中加入 35% 以上的二氧化钛和相当数量的硅酸盐、锰铁及少量有机物。

　　（2）氧化钛钙型，简称钛钙型。焊条药皮中加入 30% 以上的二氧化钛和 20% 以下的碳酸盐，以及相当数量的硅酸盐和锰铁，一般不加或少加有机物。

　　（3）钛铁矿型，药皮中加入 30% 以上的钛铁矿和一定数量的硅酸盐、锰铁以及少量有机物，不加或加少量的硅酸盐。

　　（4）氧化铁型，药皮中加入大量铁矿石和一定数量的硅酸盐、锰铁及少量有机物。

　　（5）纤维素型，药皮中加入 15% 以上的有机物、一定数量的造渣物质和锰铁等。

　　（6）低氢型，药皮中加入大量的碳酸盐、萤石、铁合金及二氧化钛等。

　　（7）石墨型，药皮中加入大量石墨，以保证焊缝金属的石墨化作用。与低碳钢焊芯或铸铁焊芯相配用于铸铁焊条。

　　（8）盐基型，药皮由氟盐和氯盐组成，如氟化钠、氯化钠、氯化锂、冰晶石等，主要用于铝及铝合金焊条。

　　根据不同的使用用途，焊条主要分为以下几种，见表 3-3。

表 3-3　焊条按用途的分类

序号	名　称	用　途	举例
1	结构钢焊条	主要用于焊接碳钢和低合金高强钢	J507
2	铬钼耐热钢焊条	主要用于焊接珠光体耐热钢和马氏体耐热钢	R507
3	不锈钢焊条	主要用于焊接不锈钢和热强钢，可分为铬不锈钢焊条和铬镍不锈钢焊条两类	A102
4	堆焊焊条	主要用于堆焊，以获得具有热硬性、耐磨性及耐蚀性的堆焊层	D127
5	低温钢焊条	主要用于焊接在低温下工作的结构，其熔敷金属具有不同的低温工作性能	W707
6	铸铁焊条	主要用于焊补铸铁构件	Z408

续表 3-3

序号	名　称	用　　途	举例
7	镍及镍合金焊条	主要用于焊接镍及高镍合金，也可用于异种金属的焊接及堆焊	Ni112
8	铜及铜合金焊条	主要用于焊接铜及铜合金，其中包括纯铜焊条和青铜焊条	T227
9	铝及铝合金焊条	主要用于焊接铝及铝合金	L209
10	特殊用途焊条	各种特殊场合、恶劣条件下的焊接，如水下焊接等	TS202

根据焊接熔渣的碱度，焊条分为酸性焊条（如 J422）和碱性焊条（如 J507）。

酸性焊条的药皮中含有较多的氧化铁、氧化钛、氧化硅等氧化物。其氧化性强，焊接过程中合金元素容易烧损；焊缝金属中氧和氢含量较多，力学性能较低，特别是冲击值较碱性焊条低，但其工艺性能良好，脱渣容易；对铁锈、水分产生气孔的敏感性不大；可交、直流电两用。碱性焊条中含有较多的大理石和萤石，并含有较多的作为脱氧剂和渗合金剂的铁合金。其脱氧性强，焊缝金属中氧和氢含量少，力学性能高，尤其是韧性、抗裂性和抗时效性能好，但对锈、水分产生气孔的敏感性较大，脱渣性比酸性焊条差，适用于较重要的焊接结构。碱性焊条一般采用直流反接。但当药皮中加入稳弧组成物时，也可用交流电源。碱性低氢型焊条的力学性能比一般酸性焊条好。

对钢焊条来说，药皮类型为氧化钛型、氧化钛钙型、钛铁矿型、氧化铁型及纤维素型的焊条均属酸性焊条。而药皮类型为低氢钠型或低氢钾型的焊条均属碱性焊条，由于这类焊条的药皮在焊接时产生的保护气体中含氢很少，所以又称低氢型焊条。

3.1.1.2　焊条型号

焊条型号按国家标准分为 8 类，见表 3-4。

表 3-4　焊条型号的分类

序号	分类	代号	序号	分类	代号
1	碳钢焊条	E	5	铸铁焊条	EZ
2	低合金钢焊条	E	6	镍及镍合金焊条	ENi
3	不锈钢焊条	E	7	铜及铜合金焊条	ECu
4	堆焊焊条	ED	8	铝及铝合金焊条	TAl

（1）碳钢焊条型号的编制方法：字母"E"表示焊条；第一、二位数字表示熔敷金属抗拉强度的最小值，单位为 N/mm^2；第三位数字表示焊条的焊接位置，其中："0"和"1"表示焊条适用于全位置焊接（平、横、立、仰），"2"表示焊条适用于平焊及横角焊，"4"表示焊条适用于向下立焊；第三位和第四位数字组合时表示焊接电流种类和药皮类型。例如焊条型号 E4315 的意义为：

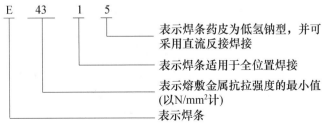

（2）低合金钢焊条型号的编制方法：字母"E"表示焊条；第一、二位数字表示熔敷金属抗拉强度的最小值，单位为 N/mm^2；第三位数字表示焊条的焊接位置，其中："0"和"1"表示焊条适用于全位置焊接（平、横、立、仰），"2"表示焊条适用于平焊及横角焊；第三位和第四位数字组合时表示焊接电流种类和药皮类型。后缀字母为熔敷金属化学成分的分类代号，并以"-"与前面数字分开。例如焊条型号 E5018-A1 的意义为：

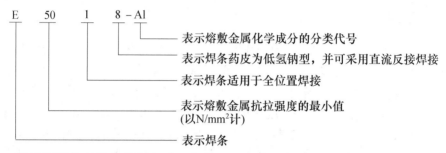

（3）不锈钢焊条型号的编制方法：字母"E"表示焊条，"E"后面的数字表示熔敷金属化学成分分类代号，如有特殊要求的化学成分，用元素符号表示并放在数字的后面；短横线后面的数字表示药皮类型、焊接位置及焊接电流类型，见表3-5。

表3-5　不锈钢焊条型号中短横线后数字含义举例

数　字	焊接电流	焊接位置
15	直流反接	全位置
25		平焊、横焊
16	交流或直流反接	全位置
17		
26		平焊、横焊

其型号举例如下：

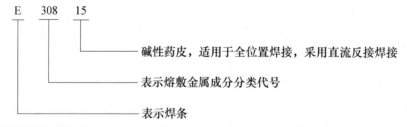

（4）堆焊焊条型号的编制方法：字母"E"表示焊条，第二位"D"表示用于表面耐磨堆焊，型号中第三位表示熔敷金属中主要元素符号，用拼音或化学元素符号表示堆焊焊条的型号分类，见表3-6，第四位表示细分类代号，最后二位数字表示焊条药皮类型及焊接电源种类，见表3-7。其型号举例如下：

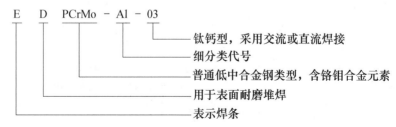

表 3-6　堆焊焊条型号分类

型号分类	熔敷金属类型	型号分类	熔敷金属类型
EDP××-××	普通低中合金钢	EDD××-××	高速刀具钢
EDR××-××	热强合金钢	EDZ××-××	合金铸铁
EDCr××-××	高铬钢	EDZCr××-××	高铬铸铁
EDMn××-××	高锰钢	EDCoCr××-××	钴基合金
EDCrMn××-××	高铬锰钢	EDW××-××	碳化钨
EDCrN××-××	高铬镍钢	EDT××-××	特殊型

表 3-7　堆焊焊条型号中药皮类型的数字表示

数字	药皮类型	焊接电源	数字	药皮类型	焊接电源
00	特殊型号	交流或直流	16	低氢钾型	交流或直流
03	钛钙型	交流或直流	08	石墨型	交流或直流
15	低氢钠型	直流			

（5）铸铁焊条型号的编制方法：字母"E"表示焊条，字母"Z"表示用于铸铁焊接，在"EZ"后面用熔敷金属主要化学元素符号或金属类型代号表示，见表 3-8，细分时用数字表示。其型号举例如下：

表 3-8　铸铁焊条类别及型号

类　别	名　称	型　号	类　别	名　称	型　号
铁基焊条	灰铸铁焊条	EZC	镍基焊条	镍铜铸铁焊条	EZNiCu
	球墨铸铁焊条	EZCQ		镍铁铜铸铁焊条	EZNiFeCu
镍基焊条	纯镍铸铁焊条	EZNi	其他焊条	纯铁及碳钢焊条	EZFe
	镍铁及碳钢焊条	EZNiFe		高钒焊条	EZV

（6）镍及镍合金焊条型号的编制方法：字母"E"表示焊条，"E"后面的符号表示熔敷金属中主要元素符号；第一个短横向后面的数字表示同一合金系统焊条细分类序号，第二个短横线后面的数字表示焊条药皮类型代号，具体见表 3-9。

表3-9　镍及镍合金焊条型号

序号	型 号	药皮类型	电流种类	序号	型 号	药皮类型	电流种类
1	ENi-0	03	交流	11	ENiMo-7	15	直流
		15	直流			16	交流或直流
		16	交流或直流	12	ENiCrMo-0	15	直流
2	ENi-1	03	交流			16	交流或直流
		15	直流	13	ENiCrMo-1	15	直流
		16	交流或直流			16	交流或直流
3	ENiCu-7	15	直流	14	ENiCrMo-2	15	直流
		16	交流或直流			16	交流或直流
4	ENiCrFe-0	15	直流	15	ENiCrMo-3	15	直流
		16	交流或直流			16	交流或直流
5	ENiCrFe-1	15	直流	16	ENiCrMo-4	15	直流
		16	交流或直流			16	交流或直流
6	ENiCrFe-2	15	直流	17	ENiCrMo-5	15	直流
		16	交流或直流			16	交流或直流
7	ENiCrFe-3	15	直流	18	ENiCrMo-6	15	直流
		16	交流或直流			16	交流或直流
8	ENiCrFe-4	15	直流	19	ENiCrMo-7	15	直流
		16	交流或直流			16	交流或直流
9	ENiMo-1	15	直流	20	ENiCrMo-8	15	直流
		16	交流或直流			16	交流或直流
10	ENiMo-3	15	直流	21	ENiCrMo-9	15	直流
		16	交流或直流			16	交流或直流

注：药皮类型中：03为钛钙型药皮，15为碱性药皮；16为碱性药皮。

例如：型号ENiCrMo-3-15表示为镍合金焊条，熔敷金属中主要元素为Ni、Cr及Mo，细分类序号为3，药皮为低氢钠型，采用直流施焊。

（7）铜及铜合金焊条型号的编制方法：型号第一字为"E"，表示焊条。"E"字母后用熔敷金属中主要化学元素符号表示型号分类，见表3-10。型号最后用字母或字母加数字表示同一分类中有不同化学成分要求，例如A、A2、B等。铜及铜合金焊条药皮类型常为低氢型，直流施焊，故型号中未加表示。

表3-10　铜及铜合金焊条型号及熔敷金属化学成分组成类型

型号	熔敷金属化学成分（质量分数）/%	型号	熔敷金属化学成分（质量分数）/%
ECu	Cu>95的铜焊条	ECuSn-B	Sn1.0~2.0的锡青铜
ECuSi-A	Si1.0~2.0的硅青铜	ECuAl-A$_2$	Al6.5~9.0的铝青铜
ECuSi-B	Si2.5~4.0的硅青铜	ECuAl-B	Al7.5~10的铝青铜
ECuSn-A	Sn5.0~7.0的锡青铜	ECuAl-C	Al6.5~10、Ni约0.5的铝青铜

续表 3-10

型号	熔敷金属化学成分（质量分数）/%	型号	熔敷金属化学成分（质量分数）/%
ECuNi-A	Ni9.0~11 的铜镍焊条	ECuAlNi	Al7~10、Ni 约 2 的铝青铜
ECuNi-B	Ni29~33 的铜镍焊条	ECuMnAlNi	Mn11~13、Al5~7.5、Ni1.0~2.5 铝青铜

例如：型号 ECuAl-B 表示为铝青铜焊条，$w(Al)$ ＝ 7.5%~10%，药皮为低氢型，采用直流施焊。

（8）铝及铝合金焊条型号的编制方法：铝及铝合金焊条根据焊态的焊缝力学性能，以及焊芯的化学成分分类来表示型号，见表 3-11。例如：型号 TAlSi 表示为铝硅合金焊条，焊芯中硅的质量分数约为 5%。

表 3-11　铝及铝合金焊条的型号

型　　号	焊芯化学成分组成类型
TAl	$w(Al) \geqslant 99.5\%$ 的铝
TAlSi	$w(Si) \approx 5\%$ 的铝硅合金
TAlMn	$w(Mn) = 1.0\%~1.5\%$ 的铝锰合金

3.1.1.3　焊条牌号

（1）结构钢焊条牌号的编制方法：牌号最前面的字母"J"表示结构钢焊条，第一、二位数字表示焊缝金属的抗拉强度等级；第三位数字表示焊条药皮类型和焊接电源种类，见表 3-12。其中，焊缝金属的抗拉强度等级系列分为：42—420MPa、50—490MPa、55—540MPa、60—590MPa、70—690MPa、75—740MPa、80—780MPa、85—830MPa、10—980MPa 等 9 个系列。例如焊条 J507：

表 3-12　焊条牌号中第三位数字的含义

数字	药皮类型	焊接电源种类	数字	药皮类型	焊接电源种类
0	不属已规定的类型	不规定	5	纤维素型	直流或交流
1	氧化钛型	直流或交流	6	低氢钾型	直流或交流
2	氧化钛钙型	直流或交流	7	低氢钠型	直流
3	钛铁矿型	直流或交流	8	石墨型	直流或交流
4	氧化铁型	直流或交流	9	盐基型	直流

（2）低温钢焊条牌号的编制方法：牌号最前面的字母"W"表示低温钢焊条，第一、

二位数字表示其工作温度等级；第三位数字表示焊条药皮类型和焊接电源种类，见表3-12。其中，低温钢焊条工作温度等级分为：70—-70℃、90—-90℃、10—-100℃、19——196℃、25—-253℃等5个等级。例如焊条W707：

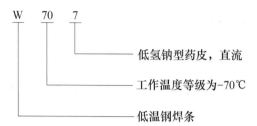

（3）耐热钢焊条牌号的编制方法：牌号最前面的字母"R"表示耐热钢焊条，第一位数字表示焊缝金属主要化学成分等级；第二位数字表示同一焊缝金属主要化学成分等级中的不同牌号，对于同一药皮类型焊条，可有10个牌号，由0、1、2、…、9顺序排列；第三位数字表示焊条药皮类型和焊接电源种类，见表3-12。其中，焊缝金属主要化学成分等级见表3-13。例如焊条R347：

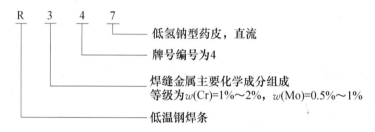

表 3-13   耐热钢焊条第一位数字的含义

数字	含 义	数字	含 义
1	$w(Mo) \approx 0.5\%$	5	$w(Cr) \approx 5\%$, $w(Mo) \approx 0.5\%$
2	$w(Cr) \approx 0.5\%$, $w(Mo) \approx 0.5\%$	6	$w(Cr) \approx 7\%$, $w(Mo) \approx 1\%$
3	$w(Cr) \approx 1\% \sim 2\%$, $w(Mo) = 0.5\% \sim 1\%$	7	$w(Cr) \approx 9\%$, $w(Mo) \approx 1\%$
4	$w(Cr) \approx 2.5\%$, $w(Mo) \approx 1\%$	8	$w(Cr) \approx 11\%$, $w(Mo) \approx 1\%$

（4）不锈钢焊条牌号的编制方法：不锈钢焊条分为铬不锈钢焊条和奥氏体不锈钢焊条，牌号最前面分别用字母"G"和"A"表示；第一位数字表示焊缝金属主要化学成分等级，具体见表3-14，第二位数字表示同一焊缝金属主要化学成分等级中的不同牌号，对于同一药皮类型焊条，可有10个牌号，由0、1、2、…、9顺序排列；第三位数字表示焊条药皮类型和焊接电源种类，见表3-12。例如不锈钢焊条G202与A022：

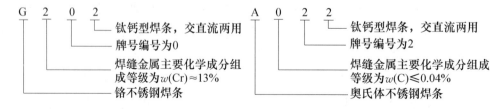

表 3-14　不锈钢焊条牌号中第一位数字的含义

类别	数字	代表意义	类别	数字	代表意义
铬不锈钢焊条	2	$w(Cr) \approx 13\%$	奥氏体不锈钢焊条	4	$w(Cr) \approx 25\%$, $w(Ni) \approx 20\%$
	3	$w(Cr) \approx 17\%$		5	$w(Cr) \approx 16\%$, $w(Ni) \approx 25\%$
奥氏体不锈钢焊条	0	$w(C) \leqslant 0.04\%$ （超低碳）		6	$w(Cr) \approx 15\%$, $w(Ni) \approx 35\%$
	1	$w(Cr) \approx 18\%$, $w(Ni) \approx 8\%$		7	Cr-Mn-N 不锈钢
	2	$w(Cr) \approx 18\%$, $w(Ni) \approx 12\%$		8	$w(Cr) \approx 18\%$, $w(Ni) \approx 18\%$
	3	$w(Cr) \approx 25\%$, $w(Ni) \approx 13\%$			

（5）堆焊焊条牌号的编制方法：牌号最前面用字母"D"表示堆焊焊条；第一位数字表示堆焊焊条的用途、组织或焊缝金属主要成分，具体见表 3-15，第二位数字表示同一用途、组织或焊缝金属主要成分中的不同牌号，对于同一药皮类型的堆焊焊条，可有 10 个牌号，由 0、1、2、…、9 顺序排列；第三位数字表示焊条药皮类型和焊接电源种类，见表 3-12。例如堆焊焊条 D127：

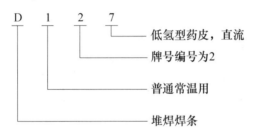

表 3-15　堆焊焊条牌号中第一位数字的含义

数字	代表意义	数字	代表意义
0	不规定	5	阀门用
1	普通常温用	6	合金铸铁型
2	普通常温用及常温高锰钢型	7	碳化钨型
3	刀具及工具用	8	钴基合金型
4	刀具及工具用		

（6）铸铁焊条牌号的编制方法：牌号最前面的字母"Z"表示铸铁焊条，第一位数字表示焊缝金属主要化学成分组成类型；第二位数字表示同一焊缝金属主要化学成分等级中的不同牌号，对于同一药皮类型焊条，可有 10 个牌号，由 0、1、2、…、9 顺序排列；第三位数字表示焊条药皮类型和焊接电源种类，见表 3-12。其中，焊缝金属主要化学成分组成类型，见表 3-16。例如铸铁焊条 Z408：

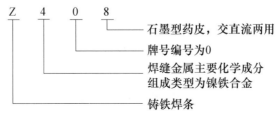

表 3-16 铸铁焊条牌号中第一位数字的含义

数字	代表意义	数字	代表意义
1	碳钢或高钒钢	4	镍铁
2	铸铁（包括球墨铸铁）	5	镍铜
3	纯镍	6	铜铁

（7）铝及铝合金焊条牌号的编制方法：牌号最前面的字母"L"表示铝及铝合金焊条，第一位数字表示焊缝金属化学成分组成类型，其中，"1"表示焊缝金属化学成分组成类型为纯铝，"2"表示铝硅合金，"3"表示铝锰合金；第二位数字表示同一焊缝金属化学成分组成类型中的不同牌号，对于同一药皮类型焊条，可有 10 个牌号，由 0、1、2、…、9 顺序排列；第三位数字表示焊条药皮类型和焊接电源种类，见表 3-12。例如铝及铝合金焊条 L209：

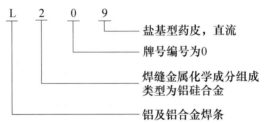

（8）镍及镍合金焊条牌号的编制方法：牌号最前面的字母"Ni"表示镍及镍合金焊条，第一数字表示焊缝金属化学成分组成类型，其中，"1"表示纯镍，"2"表示镍铜，"3"表示因康镍合金；第二位数字表示同一焊缝金属化学成分组成类型中的不同牌号，对于同一药皮类型焊条，可有 10 个牌号，由 0、1、2、…、9 顺序排列；第三位数字表示焊条药皮类型和焊接电源种类，见表 3-12。例如镍及镍合金焊条 Ni112：

（9）铜及铜合金焊条牌号的编制方法：牌号最前面的字母"T"表示铜及铜合金焊条，第一位数字表示焊缝金属化学成分组成类型，其中，"1"表示纯铜，"2"表示青铜，"3"表示白铜；第二位数字表示同一焊缝金属化学成分组成类型中的不同牌号，对于同一药皮类型焊条，可有 10 个牌号，由 0、1、2、…、9 顺序排列；第三位数字表示焊条药皮类型和焊接电源种类，见表 3-12。例如铜及铜合金焊条 T227：

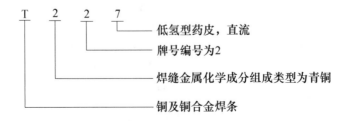

（10）特殊用途焊条牌号的编制方法：牌号最前面用字母"TS"表示特殊用途焊条；第一位数字表示焊条的用途，具体见表3-17，第二位数字表示同一用途中的不同牌号，对于同一药皮类型的堆焊焊条，可有10个牌号，由0、1、2、…、9顺序排列；第三位数字表示焊条药皮类型和焊接电源种类，见表3-12。例如特殊用途焊条TS202：

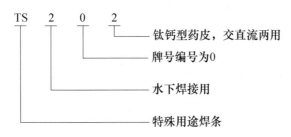

表 3-17　特殊用途焊条牌号中第一位数字的含义

数字	代表意义	数字	代表意义
2	水下焊接用	5	电渣焊用管状焊条
3	水下切割用	6	铁锰铝焊条
4	铸铁件焊补前开坡口用	7	高硫堆焊焊条

3.1.2　国外焊条分类与标识

按焊条药皮的主要成分分类（ISO 2560：2009）：酸性药皮（A）、碱性药皮（B）、金红石药皮（R）、纤维素药皮（C）、金红石酸性药皮（RA）、金红石碱性药皮（RB）、金红石纤维素药皮（RC）、厚药皮金红石药皮（RR）。

按熔渣的酸碱性分类：酸性焊条和碱性焊条。

按焊条用途分类：结构钢焊条、钼和铬钼耐热钢焊条、不锈钢焊条、堆焊焊条、低温钢焊条、铸铁焊条、镍及镍合金焊条、铜及铜合金焊条、铝及铝合金焊条和特殊用途焊条。

按焊条性能分类：超低氢焊条、低尘低毒焊条、立向下焊条、高效焊条、抗潮焊条、水下焊条、重力焊条和躺焊焊条。

（1）酸性药皮（A）：焊条药皮中含有大量的铁氧化物（引起氧势偏高）和脱氧剂（含铁-锰）。对于厚药皮，酸性熔渣形成细熔滴过渡，产生平滑焊缝。酸性药皮焊条只在定位焊接中使用，有局限性，并且比其他类型药皮焊条更易受影响，而导致硬化裂纹。

（2）碱性药皮（B）：主要由大量碱土金属的碳酸盐组成，例如，碳酸钙（石灰）和氟石。为了改善焊接性能，特殊情况下使用AC进行焊接，需要附加非碱性成分（如金红石和/或石英）。

碱性药皮有两大性能：焊缝金属的冲击功比较高，特别是在低温状态下；比其他类型药皮更能抵抗裂纹的产生，其焊缝金属的高金属纯度可抗凝固裂纹，同时可减少冷裂纹的发生，在烘干状态下施焊时得到的焊缝金属的扩散氢含量低于其他类型，不超过可允许的上限，即H含量为15mL/100g焊缝金属。对焊缝质量及韧性有较高要求时采用碱性焊条药皮焊接最合适。

（3）纤维素药皮（C）：药皮内含有大量的可燃物质，尤其是纤维素，特别适用于立向下（PG）焊。

（4）金红石药皮（R）：粗大熔滴过渡，适于金属薄板的焊接。用于除立向下（PG）焊外的全位置焊接。

（5）厚药皮金红石药皮（RR）：此类型焊条药皮与焊芯的直径比率大于或等于1∶6。其特点是药皮中含有大量的金红石成分，再引弧性能良好，焊缝波纹整齐。

（6）金红石纤维素药皮（RC）：此类型焊条药皮组成与金红石焊条相似。但是此类型包含大量的纤维素，因此适用于立向下（PG）焊。

（7）金红石酸性药皮（RA）：药皮焊接性能基本上相当于酸性药皮。但是，药皮中铁氧化物的比例由金红石取代。因此基本上为厚药皮，适用于除立向下（PG）焊外的全位置焊接。

（8）金红石碱性药皮（RB）：此类型焊条药皮的特点是：含大量的金红石和碱性成分。

焊条相关的国际标准主要有：

（1）ISO 2560《焊接填充材料—非合金钢和细晶粒结构钢焊条电弧焊焊条》。

（2）ISO 18275《焊接填充材料—高强钢焊条电弧焊焊条》。

（3）ISO 3580《焊接填充材料—热强钢焊条电弧焊焊条》。

（4）ISO 3581《焊接填充材料—不锈钢、耐热钢焊条电弧焊焊条》。

焊接填充材料的国际标准（ISO）包括两个系列：按照屈服强度和全焊缝金属平均冲击功47J分类（后缀字母"A"的系列），此系列相当于欧洲填充材料标准系列；或者按照抗拉强度和全焊缝金属平均冲击功27J进行分类（后缀字母"B"的系列），此系列是以泛太平洋国家填充材料标准为基础。

3.1.2.1　ISO 2560标准

国际标准ISO 2560：2009《焊接填充材料—非合金钢和细晶粒结构钢焊条电弧焊焊条》规定了非合金钢和细晶粒钢焊条电弧焊用药皮焊条和熔敷金属在焊态条件和焊后热处理条件下最大屈服强度的最低值达到500MPa，或者最大抗拉强度的最低值达到570MPa的分类要求。

国际标准ISO 2560：2009包含两个系列：A系列：按照屈服强度和熔敷金属平均冲击功47J分类；B系列：按照抗拉强度和熔敷金属平均冲击功27J分类。

A　A系列标识

焊条标识A系列按照屈服强度和47J冲击功分类，内容包含8个部分：

（1）产品/工艺的标记；

（2）熔敷金属的强度和伸长率标记；

（3）熔敷金属的冲击性能标记；

（4）熔敷金属的化学成分标记；

（5）焊条药皮类型标记；

（6）名义上的焊条熔敷效率和电流种类的标记；

（7）焊接位置的标记；

（8）熔敷金属扩散氢含量的标记。

具体标识举例如下所示：

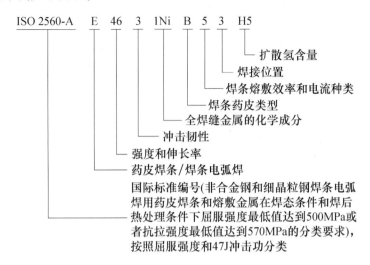

其中，ISO 2560-A 表示按照屈服强度和47J 冲击功分类，强度和伸长率见表3-18，冲击韧性见表3-19，熔敷金属的化学成分见表3-20，焊条药皮类型见表3-21，名义焊条熔敷率和电流种类见表3-22，焊接位置见表3-23，氢含量见表3-24。

采用该标记方法所必需标明的，即强制部分包括国际标准编号、药皮焊条/焊条电弧焊标记、强度和伸长率标记、冲击韧性标记、熔敷金属的化学成分标记和焊条药皮类型等6部分，即 ISO 2560-A E 46 3 1Ni B 5 3 H5 的强制部分为：ISO 2560-A E 46 3 1Ni B。

表 3-18　全焊缝金属强度和伸长率的标记

标　记	最低屈服强度[①]/N·mm^{-2}	抗拉强度/N·mm^{-2}	最低伸长率[②]/%
35	355	440~570	22
38	380	470~600	20
42	420	500~640	20
46	460	530~680	20
50	500	560~720	18

①对于屈服强度来说，在屈服发生时将使用低屈服强度（R_{eL}），否则将使用 0.2%的屈服点强度。
②$L_0 = 5D_0$。

表 3-19　全焊缝金属冲击性能的标记

标　记	最小冲击值为 47J 时温度/℃
Z	无要求
A	+20
0	0
2	−20
3	−30
4	−40
5	−50
6	−60

注：该冲击值为三个 ISO-V 型缺口冲击试样的平均值，其中一个试样的最小冲击值不得低于 32J。

表 3-20　全焊缝金属化学成分标记

合金标记	化学成分/%[①~③]		
	Mn	Mo	Ni
无标记	2.0	—	—
Mo	1.4	0.3~0.6	—
MnMo	1.4~2.0	0.3~0.6	—
1Ni	1.4	—	0.6~1.2
Mn1Ni	1.4~2.0	—	0.6~1.2
2Ni	1.4	—	1.8~2.6
Mn2Ni	1.4~2.0	—	1.2~2.6
3Ni	1.4	—	2.6~3.8
1NiMo	1.4	0.3~0.6	0.6~1.2
Z[③]	其他成分		

①如果不具体指定，$w(\text{Mo}) < 0.2\%$、$w(\text{Ni}) < 0.3\%$、$w(\text{Cr}) < 0.2\%$、$w(\text{V}) < 0.05\%$、$w(\text{Nb}) < 0.05\%$、$w(\text{Cu})$ $< 0.3\%$。

②此表中的单个数字均为最大值。

③未在表中列出的焊材的化学成分应前缀字母"Z"。因为化学成分范围并未做出具体规定，因此同样是 Z 分类的两个焊条并不可以互换。

表 3-21　药皮类型标记

标　记	药　皮　类　型
A	酸性药皮
C	纤维素药皮
R	金红石药皮
RR	金红石厚药皮
RC	金红石-纤维素药皮
RA	金红石-酸性药皮
RB	金红石-碱性药皮
B	碱性药皮

表 3-22　焊条熔敷率和电流种类数字标记

标　记	焊条熔敷率 η/%	电流种类[①②]
1	$\eta \leq 105$	ac 和 dc
2	$\eta \leq 105$	dc
3	$105 < \eta \leq 125$	ac 和 dc
4	$105 < \eta \leq 125$	dc
5	$125 < \eta \leq 160$	ac 和 dc
6	$125 < \eta \leq 160$	dc
7	$\eta > 160$	ac 和 dc
8	$\eta > 160$	dc

①为了说明 ac 的操作性能，试验将在不高于 65V 空载电压下进行。

②ac—交流电；dc—直流电。

表 3-23 焊接位置符号标记

标 记	位 置
1	PA, PB, PC, PD, PE, PF, PG
2	PA, PB, PC, PD, PE, PF
3	PA, PB
4	PA
5	PA, PB, PG

表 3-24 扩散氢含量标记

标 记	氢含量（最大值）：熔敷焊缝金属扩散氢含量/mL·$(100g)^{-1}$
H5	5
H10	10
H15	15

B B 系列标识

焊条标识 B 系列按照抗拉强度和 27J 冲击功分类，例如 ISO 2560-B E 5518 N2 A U H5，其强制部分为 ISO 2560-B E 5518 N2 A。

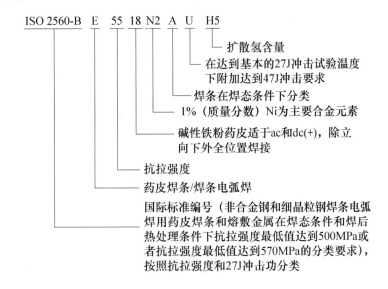

其中，ISO 2560-B 表示国际标准编号，按照抗拉强度和 27J 冲击功分类，E 是药皮焊条/焊条电弧焊标记；55 是抗拉强度标记，具体见表 3-25；18 是药皮类型标记，具体见表 3-26；N2 是熔敷金属化学成分标记，具体见表 3-27；A 是焊条在焊态条件下的分类，焊条在焊态条件下分类应该在分类中增加标记 A；焊条在焊后热处理条件下分类，焊后热处理的温度将为 620℃+15℃，应该在标记中增加标记 P；焊条按照两种条件划分，则需加上标记 AP。

E5518-N2 A 是成分限定说明和在焊态条件下的力学性能要求，见表 3-28。U 是在达到基本的 27J 冲击试验温度下附加达到 47J 冲击要求；H5 是氢含量，具体见表 3-24。

表 3-25　全焊缝金属强度标记

标　记	最低抗拉强度/N·mm^{-2}
43	430
49	490
55	550
57	570

表 3-26　药皮类型标记

标　记	药皮类型	焊接位置[1]	电流种类
03	金红石-碱性	全部[2]	ac 和 dc（+）
10	纤维素	全部	dc（+）
11	纤维素	全部	ac 和 dc（+）
12	金红石	全部[2]	ac 和 dc（−）
13	金红石	全部[2]	ac 和 dc（+）
14	金红石+铁粉	全部[2]	ac 和 dc（+）
15	碱性	全部[2]	dc（+）
16	碱性	全部[2]	ac 和 dc（+）
18	碱性+铁粉	全部[2]	ac 和 dc（+）
19	钛铁矿	全部[2]	ac 和 dc（+）
20	铁氧化物	PA、PB	ac 和 dc（−）
24	金红石+铁粉	PA、PB	ac 和 dc（+）
27	铁氧化物+铁粉	PA、PB	ac 和 dc（−）
28	碱性+铁粉	PA、PB、PC	ac 和 dc（+）
40	无特指		
48	碱性	全部	ac 和 dc（+）

①ISO 6947 中有对位置的定义。PA—平焊，PB—平角焊，PC—横焊。

②所有的位置有可能包含或不包含立向下焊，由制造商确定。

表 3-27　熔敷金属化学成分标记

合金标记	化学成分	
	主要合金元素	名义合金含量/%
无标记、-1、-P1 或者-P2	Mn	1.0
-3M2	Mn	1.5
	Mo	0.4
-3M3	Mn	1.5
	Mo	0.5
-N1	Ni	0.5
-N2	Ni	1.0

续表 3-27

合金标记	化 学 成 分	
	主要合金元素	名义合金含量/%
-N3	Ni	1.5
-3N3	Mn	1.5
	Ni	1.5
-CC	Cr	0.5
	Cu	0.4
-G	其他成分	

表 3-28　力学试验要求

分　类	抗拉强度[1]/N·mm^{-2}	屈服强度[1]/N·mm^{-2}	伸长率/%	夏比 V 型缺口试验温度/℃
E5516-N2	550	470~550	20	-40
E5518-N2	550	470~550	20	-40
E4916-N3	490	390	20	-40
E5516-N3	550	460	17	-50
E5516-3N3	550	460	17	-50
E5518-N3	550	460	17	-50
E4915-N5	490	390	20	-75
E4916-N5	490	390	20	-75
E4918-N5	490	390	20	-75
E4928-N5	490	390	20	-60
E5716-NCC1	570	490	16	0
E5728-NCC1	570	490	16	0
E4916-NCC2	490	420	20	-20
E4918-NCC2	490	420	20	-20
E49XX-G	490	400	20	NS[2]
E55XX-G	550	460	17	NS[2]
E57XX-G	570	490	16	NS[2]

[1]单个数值为最低要求值。
[2]NS 表示无具体指定。

3.1.2.2　ISO 18275 标准

ISO 18275《焊接填充材料—高强钢焊条电弧焊焊条》中同样包括两个分类体系，按照屈服强度和全焊缝金属平均冲击功 47J 的体系分类，用"A"表示。而按照抗拉强度和全焊缝金属平均冲击功 27J 体系分类，则用"B"表示。对焊条的标识举例如下所示：

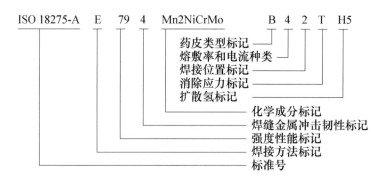

其中，化学成分标记见表3-29，强度性能标记见表3-30，焊缝金属冲击值标记见表3-31。

表 3-29　化学成分标记

标　记	化学成分(质量分数)①②/%			
	Mn	Ni	Cr	Mo
MnMo	1.4~2.0	—	—	0.3~0.6
Mn1Ni	1.4~2.0	0.6~1.2	—	—
1NiMo	1.4	0.6~1.2	—	0.3~0.6
1.5NiMo	1.4	1.2~1.8	—	0.3~0.6
2NiMo	1.4	1.8~2.6	—	0.3~0.6
Mn1NiMo	1.4~2.0	0.6~1.2	—	0.3~0.6
Mn2NiCrMo	1.4~2.0	1.8~2.6	0.3~0.6	0.3~0.6
Mn2Ni1CrMo	1.4~2.0	1.8~2.6	0.6~1.0	0.3~0.6
Z	协商数值			

①其他成分: $w(C)= 0.03\% \sim 0.10\%$, $w(Ni) < 0.3\%$, $w(Cr) < 0.2\%$, $w(Mo) < 0.2\%$, $w(V) < 0.05\%$, $w(Nb) < 0.05\%$, $w(Cu) < 0.3\%$, $w(P) < 0.025\%$, $w(S) < 0.020\%$。

②表中单个数值为最大值。

表 3-30　强度性能标记

标　记	最低屈服强度①/N·mm⁻²	抗拉强度/N·mm⁻²	最低伸长率②/%
55	550	610~780	18
62	620	690~890	18
69	690	760~960	17
79	790	880~1080	16
89	590	980~1180	15

①屈服点为 R_{eL}, 屈服点不明显时用 $R_{p0.2}$ 代替。

②测量长度为 5 倍试棒直径。

表 3-31 焊缝金属冲击值标记

标 记	最低冲击值47J时的温度/℃	标 记	最低冲击值47J时的温度/℃
Z		5	−50
A	+20	6	−60
0	0	7	−70
2	−20	8	−80
3	−30	9	−90
4	−40	10	−100

3.1.2.3 ISO 3580 标准

ISO 3580《焊接填充材料—热强钢焊条电弧焊条》标准规定了全焊缝金属热处理条件下，铁素体、马氏体热强钢和低合金热强钢焊条电弧焊用药皮焊条。标准包括两个分类体系，在对屈服强度和全焊缝金属47J均匀冲击功要求条件下，按照全焊缝金属化学成分分类（分类A）；或者按照抗拉强度和全焊缝金属的化学成分进行分类（分类B），熔敷金属力学性能见表3-32。需要指出的是，关于热强钢焊条的欧洲标准EN 1599与ISO 3580-A完全一致。

例如：ISO 3580-A-E CrMo1 B 4 4 H5，其中ISO 3580-A表示国际标准编号（分类A）；E表示药皮焊条/焊条电弧焊；CrMo1表示全焊缝金属化学成分（见表3-33）；B表示焊条药皮类型（具体见3.1.2.1节中的ISO 2560标准部分）；4表示熔敷率和电流种类（见表3-34）；4表示焊接位置（见表3-35）；H5表示氢含量（具体见3.1.2.1节中的ISO 2560标准部分）。

表 3-32 熔敷金属力学性能

按照以下分类化学成分标记		屈服强度最低值/MPa	抗拉强度最低值/MPa	最低值伸长率/%	冲击功/J（在+20℃条件下）		全焊缝金属热处理		
ISO 3580-A	ISO 3580-B				三个试样的平均最低值	单个数值最低值	预热和层间温度/℃	试件焊后热处理	
								温度/℃	时间/min
Mo	（1M3）	355	510490	22	47	38	≤200	570-620	60
（Mo）	49XX-1M3	390	490	22	—	—	90~110	605~645	60
	49YY-1M3	390	510	20	—	—	90~110	605~645	60
MoV		355	510	18	477	38	200~300	690~730	60
CrMo0，5	（55XX-CM）	355	550	22	47	38	100~200	600~650	60
（CrMo0，5）	55XX-CM	460	550	17	—	—	160~190	675~705	60
	55XX-1MC	460	510	17	—	—	160~190	675~705	60
CrMo1	（55XX-1CM）（5513-1CM）	355	550	20	47	38	150~250	660~700	60
（CrMo1）	55XX-1CM	460	550	17	—	—	160~190	675~705	60
	5513-1CM	460	510	14	—	—	160~190	675~705	60

续表 3-32

按照以下分类化学成分标记		屈服强度最低值/MPa	抗拉强度最低值/MPa	最低值伸长率/%	冲击功/J（在+20℃条件下）		全焊缝金属热处理		
							预热和层间温度/℃	试件焊后热处理	
ISO 3580-A	ISO 3580-B				三个试样的平均最低值	单个数值最低值		温度/℃	时间/min
CrMo1L	（52XX-1CML）	355	520	20	47	38	150～250	660～700	60
（CrMo1L）	52XX-1CML	390	590	17	—	—	160～190	675～705	60
CrMoV1		435	500	15	24	19	200～300	680～730	60
CrMo2	（62XX-2C1M）（6213-2C1M）	400		18	47	38	200～300	690～750	60

表 3-33　全焊缝金属化学成分（节选）

标　记		质量分数/%								
ISO 3580-A	ISO 3580-B	C	Si	Mn	P	S	Cr	Mo	V	其他元素
Mo	（1M3）	0.10	0.80	0.40～1.50	0.030	0.025	0.2	0.40～0.70	0.03	—
（Mo）	1M3	0.12	0.80	1.00	0.030	0.030	—	0.40～0.65	—	—
MoV		0.03～0.12	0.80	0.40～1.50	0.030	0.025	0.30～0.60	0.80～1.20	0.25～0.60	—
CrMo0，5	（CM）	0.05～0.12	0.80	0.40～1.50	0.030	0.025	0.40～0.65	0.40～0.65	—	—
（CrMo0，5）	CM	0.05～0.12	0.80	0.90	0.030	0.030	0.40～0.65	0.40～0.65	—	—
	1MC	0.07～0.15	0.30～0.60	0.40～0.70	0.030	0.030	0.40～0.60	1.00～1.25	0.05	—
CrMo1	（1CM）	0.05～0.12	0.80	0.40～1.50	0.030	0.025	0.90～1.40	0.45～0.70	—	—
（CrMo1）	1CM	0.05～0.12	0.80	0.90	0.030	0.030	1.00～1.50	0.40～0.65	—	—
CrMo1L	（1CML）	0.05	0.80	0.40～1.50	0.030	0.025	0.90～1.40	0.45～0.70	—	—
（CrMo1L）	1CML	0.05	1.00	0.90	0.030	0.030	1.00～1.50	0.40～0.65	—	—
CrMoV1		0.05～0.15	0.80	0.70～1.50	0.030	0.025	0.90～1.30	0.90～1.30	0.10～0.35	—
CrMo2	（2C1M）	0.05～0.12	0.80	0.40～1.30	0.030	0.025	2.0～2.6	0.90～1.30	—	—
（CrMo2）	2C1M	0.05～0.12	1.00	0.90	0.030	0.030	2.00～2.50	0.90～1.20	—	—
CrMo2L	（2C1ML）	0.05	0.80	0.40～1.30	0.030	0.025	2.0～2.6	0.90～1.30	—	—

表 3-34　熔敷率和电流种类

标　记	焊条熔敷率/%	电流种类①②
1	≤105	ac 和 dc
2	≤105	dc
3	>105 和≤125	ac 和 dc
4	>105 和≤125	dc

①ac—交流电；dc—直流电。

②为了说明交流电源对的操作性能，实验将在不高于65V空载电压下进行。

表 3-35　焊接位置

标　记	位　　置
1	PA、PB、PC、PD、PE、PF、PG
2	PA、PB、PC、PD、PE、PF
3	PA、PB
4	PA、PB、PG

3.1.2.4　ISO 3581 标准

ISO 3581《焊接填充材料—不锈钢、耐热钢焊条电弧焊焊条》有两种分类体系：A系列按照名义化学成分进行分类，B系列按照合金类型进行分类。

A　A 系列标准

ISO 3581-A 系列标准与欧洲标准 EN 1600 完全一致。A 系列标记包含 5 项：

（1）产品/工艺的标记，焊条电弧焊用药皮焊条标记为字母 E；

（2）熔敷金属的化学成分的标记（见表 3-36）；

（3）药皮类型的标记，有两种标记：标记 B 是碱性药皮，标记 R 是金红石药皮；

（4）焊条熔敷率和电流种类的标记（见表 3-37）；

（5）焊接位置的标记（见表 3-38）。

ISO 3581-A 系列标准强制部分包含产品类型、化学成分和药皮类型的标记；非强制性部分包含焊缝金属的熔敷率和电流种类、焊接位置标记。

例如：ISO 3581-A E 19 12 2 R 3 4，其中 R 表示焊条药皮类型为金红石型；3 表示使用 ac 或 dc，焊条熔敷率为 125%；4 表示焊接位置为平板对接和角焊缝船形位置。其强制部分为 ISO 3581-A E 19 12 2 R，19、12、2 表示熔敷金属的化学成分为 19%Cr、12%Ni、2%Mo。

表 3-36　熔敷金属化学成分（ISO 3581）

分类标记		化学成分/%										
名义成分 ISO 3581-A	合金类型 ISO 3581-B	C	Si	Mn	P	S	Cr	Ni	Mo	Cu	Nb+Ta	N
19 9	(308)	0.08	1.2	2.0	0.03	0.025	18.0~21.0	9.0~11.0	0.75	0.75	—	—
(19 9)	308	0.08	1.00	0.5~2.5	0.04	0.03	18.0~21.0	9.0~11.0	0.75	0.75	—	—
19 9H	(308H)	0.04~0.08	1.2	2.0	0.03	0.025	18.0~21.0	9.0~11.0	0.75	0.75	—	—
(19 9H)	308H	0.04~0.08	1.00	0.5~2.5	0.04	0.03	18.0~21.0	9.0~11.0	0.75	0.75	—	—
19 9L	(308L)	0.04	1.2	2.0	0.03	0.025	18.0~21.0	9.0~11.0	0.75	0.75	—	—
(19 9L)	308L	0.04	1.00	0.5~2.5	0.04	0.03	18.0~21.0	9.0~12.0	0.75	0.75	—	—

续表 3-36

| 分类标记 | | 化学成分/% | | | | | | | | | | |
名义成分 ISO 3581-A	合金类型 ISO 3581-B	C	Si	Mn	P	S	Cr	Ni	Mo	Cu	Nb+Ta	N
(20 10 3)	308Mo	0.08	1.00	0.5~2.5	0.04	0.03	18.0~21.0	9.0~12.0	2.0~3.0	0.75	—	—
—	308LMo	0.04	1.00	0.5~2.5	0.04	0.03	18.0~21.0	9.0~12.0	2.0~3.0	0.75	—	—
—	349	0.13	1.00	0.5~2.5	0.04	0.03	18.0~21.0	8.0~10.0	0.35~0.65	0.75	0.75~1.2	—
19 9Nb	(347)	0.08	1.2	2.0	0.03	0.025	18.0~21.0	9.0~11.0	0.75	0.75	8C~1.1	—
(19 9Nb)	347	0.08	1.00	0.5~2.5	0.04	0.03	18.0~21.0	9.0~11.0	0.75	0.75	8C~1.00	—
—	347L	0.04	1.00	0.5~2.5	0.04	0.030	18.0~21.0	9.0~11.0	0.75	0.75	8C~1.00	—
19 12 2	(316)	0.08	1.2	2.0	0.03	0.025	17.0~20.0	10.0~13.0	2.0~3.0	0.75	—	—
(19 12 2)	316	0.08	1.00	0.5~2.5	0.04	0.03	17.0~20.0	11.0~14.0	2.0~3.0	0.75	—	—
(19 12 2)	316H	0.04~0.08	1.00	0.5~2.5	0.04	0.03	17.0~20.0	11.0~14.0	2.0~3.0	0.75	—	—
(19 12 3L)	316L	0.04	1.00	0.5~2.5	0.04	0.03	17.0~20.0	11.0~14.0	2.0~3.0	0.75	—	—
19 12 3L	(316L)	0.08	1.2	2.0	0.03	0.025	17.0~20.0	10.0~13.0	2.5~3.0	0.75	—	—
19 12 3Nb	316LCu	0.04	1.00	0.5~2.5	0.04	0.030	17.0~20.0	11.0~16.0	2.5~3.0	0.75	—	—
(19 12 3Nb)	318	0.08	1.00	0.5~2.5	0.04	0.03	17.0~20.0	11.0~14.0	2.0~3.0	0.75	8C~1.00	—
19 13 4NL	—	0.08	1.2	1.0~5.0	0.03	0.025	17.0~20.0	12.0~15.0	3.0~4.5	0.75	—	0.20
—	320	0.04~0.07	0.60	0.5~2.5	0.04	0.03	19.0~21.0	32.0~36.0	2.0~3.0	3.0~4.0	8C~1.00	—
—	320LR	0.03	0.03	1.5~2.5	0.02	0.015	19.0~21.0	32.0~36.0	2.0~3.0	3.0~4.0	8C~0.40	—

表 3-37　熔敷率和电流种类（ISO 3581）

标　记	焊条熔敷率/%	电流种类[①]
1	≤105	ac 和 dc
2	≤105	dc
3	>105 但 ≤125	ac 和 dc

续表 3-37

标　记	焊条熔敷率/%	电流种类①
4	>105 但 ≤125	dc
5	>125 但 ≤160	ac 和 dc
6	>125 但 ≤160	dc
7	>160	ac 和 dc
8	>160	dc

①为了说明交流电的操作性能，试验应在空载电压高于 65V 的条件下进行。

表 3-38　焊接位置标记（按照名义化学成分分类）

标　记	适用焊接位置
1	PA、PB、PD、PF、PG
2	PA、PB、PD、PF
3	PA、PB
4	PA
5	PA、PB、PG

B　B 系列标准

B 系列标记包含 5 项：

（1）ISO 3581-B 表示国际标准编号，B 表示按照合金类型分类；

（2）产品/工艺的标记，焊条电弧焊的标记为字母 ES，"E"表示药皮焊条，"S"表示不锈钢和耐热钢；

（3）全焊缝金属的化学成分的标记（见表 3-36）；

（4）焊接位置的标记（见表 3-39）；

（5）焊条药皮类型的标记，同时可规定出对焊条分类所用的电流种类，有以下三种标记：标记"5"是碱性药皮，适用于 dc 焊接；标记"6"是金红石药皮，适用于 dc 或者 ac 焊接；标记"7"是改良的金红石药皮，适用于 dc 或者 ac 焊接。

例如：B 系列焊条标记 ISO 3581-B ES 316 2 6，其中 ES 表示不锈钢和耐热钢焊条电弧焊用药皮焊条；316 表示熔敷金属的化学成分为 19%Cr、12%Ni、2%Mo；2 表示焊接位置为平板对接和角焊缝船形位置；6 表示焊条药皮类型为金红石型药皮。

表 3-39　焊接位置标记（按照合金类型分类）

标　记	适用焊接位置
1	PA、PB、PD、PF
2	PA、PB
4	PA、PB、PD、PF、PG

3.1.2.5　ISO 1071 标准

ISO 1071：2003《铸铁熔化焊填充材料：焊条、焊丝、焊棒、药芯焊丝》中，将铸铁熔化焊的各种材料放在一起进行标准的阐述和规定。焊接材料的使用说明见表3-40，与母材同质的填充材料见表3-41，与母材异质的熔敷金属化学成分见表3-42。

表 3-40 ISO 1071 焊接填充材料的使用说明

型 号	主要应用于
FeC-1	GG
FeC-2	GG
FeC-G	GGG、GTS
Fe-1	GTW
Fe-2	在 GG、GGG 上堆焊
Ni	GG、GGG、GTS
NiFe-1	GG、GGG、GTS
NiFe-2	在 GGG、GTS 上多层焊接
NiCu	GG、GGG、GTS 填充层
CuAl-1	在 GG、GGG 上堆焊
CuAl-2	在 GG、GGG 上堆焊
CuSn	在 GG、GGG 上堆焊

表 3-41 与母材同质的填充材料

标 记	微观组织	产品形式
FeC-1[①]	片状石墨	E、R
FeC-2[②]	薄片状石墨	E、T
FeC-3	片状石墨	E、T
FeC-4	片状石墨	R
FeC-5	片状石墨	R
FeC-GF	铁素体加球状石墨	E、T
FeC-GP1	珠光体加球状石墨	R
FeC-GP2	珠光体加球状石墨	E、T

①铸铁芯药皮焊条。

②不锈钢芯药皮焊条。

表 3-42 与母材异质的熔敷金属化学成分

标记	产品形式	质量分数[①②③]/%									
		C	Si	Mn	P	S	Fe	Ni[④]	Cu[⑤]	备注	其他元素总量
Fe-1	E、S、T	2.0	1.5	0.5~1.5	0.04	0.04	余量	—	—	—	1.0
St	E、S、T	0.15	1.0	0.80	0.04	0.04	余量	—	0.35	—	0.35
Fe-2	E、T	0.2	1.5	0.3-1.5	0.04	0.04	余量	—	—	Nb+ V：5.0~10.0	1.0
Ni-Cl	E	2.0	4.0	2.5	—	0.03	8.0	85 最低值	2.5	Al：1.0	1.0
	S	1.0	0.75	2.5	—	0.03	4.0	90 最低值	4.0	—	1.0

续表 3-42

标记	产品形式	质量分数①②③/%								备注	其他元素总量
		C	Si	Mn	P	S	Fe	Ni④	Cu⑤		
Ni-Cl-A	E	2.0	4.0	2.5	—	0.03	8.0	85 最低值	2.5	Al：1.0~3.0	1.0
NiFe-1	E、S、T	2.0	4.0	2.5	0.03	0.03	余量	45~75	4.0	Al：1.0	1.0
NiFe-2	E、S、T	2.0	4.0	1.0~5.0	0.03	0.03	余量	45~60	2.5	Al：1.0，碳化物生成元素：3.0	1.0
NiFe-Cl	E	2.0	4.0	2.5		0.04	余量	40~60	2.5	Al：1.0	1.0
NiFeT3-Cl	T	2.0	1.0	3.0~5.0	—	0.03	余量	45~60	2.5	Al：1.0	1.0
NiFe-Cl-A	E	2.0	4.0	2.5		0.03	余量	45~60	2.5	Al：1.0~3.0	1.0
NiFeMn-Cl	E	2.0	1.0	10~14		0.03	余量	35~45	2.5	Al：1.0	1.0
	S	0.50	1.0	10~14		0.03	余量	35~45	2.5	Al：1.0	1.0
NiCu	E、S	1.7	1.0	2.5		0.04	5.0	50~75	余量	—	1.0
NiCu-A	E、S	0.35~0.55	0.75	2.3		0.025	3.0~6.0	50~60	35~45	—	1.0
NiCu-B	E、S	0.35~0.55	0.75	2.3		0.025	3.0~6.0	60~70	25~35	—	1.0
Z	E、S、T	其他允许成分									

①表中单个数值为最大质量分数，除了附加说明外。

②焊缝金属、金属芯或填充金属应根据此表中所列出元素的具体数值进行分析。如果存在其他元素，则应进行分析，以便确定其他元素总含量不超出此表中最后一栏"其他元素总量"数值的规定。

③此表中不包括青铜填充金属，但其对于铸铁钎焊十分有效。

④镍含量包括附带的钴。

⑤铜含量包括附带的银和铜药皮。

3.1.3 焊条烘干与贮存

3.1.3.1 焊条烘干

焊条烘干应注意按照各种焊条说明书进行。一般情况下应注意以下几点：

（1）焊条从焊材一级库房领出后，要妥善保管在焊材二级库内。焊材二级库内的温度要保持在5℃以上，相对湿度不大于60%。库内温度、湿度应按时控制调整并填写《室内气象记录》。

（2）焊条使用前，需经严格烘干才能发给焊工。常用焊条烘干温度及保温时间见表3-43。

（3）焊条烘干员负责焊条的烘干工作。焊条的烘干数量要有计划，根据工程进展情况，准备适量的烘干焊条。焊条烘干时，要做好《焊条烘干记录》。温度计要定期检验校核。箱内不得烘烤有碍焊条质量的物品。

（4）烘干时，不可将焊条往高温炉突然放入或突然冷却，以免药皮开裂，焊条放进或取出时，烘干箱内的温度不得超过200℃。应徐徐加热、保温、缓慢冷却。在烘干焊条时，要经常打开通风孔并开动风扇，驱除潮气。

（5）焊条烘干之后，存放于保温箱内，要尽快使用完，保温箱温度始终保持在 100～150℃，对氢含量有特殊要求的，烘干温度可提高到 450℃。经烘干的碱性低氢焊条最好放入温度控制在 80～100℃ 的低温烘箱中，并随取随用。特殊情况下（停电、故障检修等）不得低于 50℃。否则，要根据放置时间重新烘干。焊条再烘干的温度和时间，由焊接责任工程师决定。

表 3-43　常用焊条烘干温度及保温时间

类　别	牌　号	温度/℃	时间/h
碳钢和低合金钢焊条	J422	150	1
	J426	300	1
	J427	350	1
	J502	150	1
	J506、J507	350	1
	J506RH、J507RH	350～430	1
	J507MoW	350	1
	J557	350	1
	J556RH	400	1
	J606、J607	350	1
	J607RH	350～430	1
	J707	350	1
	J707RH	400	2
低温钢焊条	W607、W707	350	1
钼和铬钼耐热钢焊条	R207、R307	350	1
	R307H	400	1
	R317、R407、R507	350	1
铬镍不锈钢焊条	A102	150	1
	A107	250	1
	A132	150	1
	A137	250	1
	A202	150	1
	A207	250	1
	A002、A022、A212、A242	150	1
铬不锈钢焊条	G202	150	1
	G207	250	1
	G302	150	1
	G307	200～300	1

3.1.3.2　焊条贮存

（1）焊条必须存放在干燥、通风良好的室内仓库里。焊条贮存库内，不允许放置有害气体和腐蚀性介质，室内应保持整洁。焊条贮存库内，应设置温度计和湿度计。低氢型焊条库内温度不低于5℃，空气相对湿度应低于60%。特种焊条应堆放在专用库房，仓库应保持10~25℃的温度和小于50%的相对湿度。

（2）焊条应存放在架子上，架子离地面的距离应不小于300mm，离墙壁距离不小于300mm，室内应放置去湿剂，严防焊条受潮。

（3）焊条堆放时应按种类、牌号、批次、规格、入库时间分类堆放，每垛应有明确的标识，避免混乱。发放焊条时应遵循先进先出的原则，避免焊条存放期太长。

（4）对于已受潮、药皮变色和焊芯有锈迹的焊条，须经烘干后进行质量评定。若各项性能指标都满足要求时方可入库，否则不准入库。

（5）一般焊条一次出库量不能超过两天的用量。已经出库的焊条，焊工必须保管好。露天操作时，烘干好的焊条应放入焊条保温筒中，不得露天放置。当夏季阴雨潮湿时，要控制焊条在1~2h内用完；烘干后的低氢焊条、酸性焊条在外放置时间不得超过4h。

（6）存放期超过一年的焊条，发放前应重新做各种性能试验，符合要求时方可发放，否则不准发放。

3.2 焊丝标准

3.2.1 国内焊丝分类与标识

焊丝的分类通常有以下几种：

（1）按照焊接方法可分为埋弧焊焊丝、CO_2焊焊丝、钨极氩弧焊焊丝、熔化极氩弧焊焊丝、自保护焊丝和电渣焊焊丝等。

（2）按照焊丝的形状结构可分为实芯焊丝、药芯焊丝及活性焊丝等。

（3）按照适用的金属材料可分为低碳钢焊丝，低合金钢焊丝，硬质合金堆焊焊丝，铝、铜及铸铁焊丝等。

药芯焊丝是由薄钢带卷成圆形钢管或异形钢管的同时，填满一定成分的药粉后经拉制而成的一种焊丝。药芯焊丝的截面形状对焊接工艺性能与冶金性能有很大影响，药芯焊丝的截面形状越复杂、越对称，电弧燃烧越稳定，药芯焊丝的冶金反应和保护作用越充分，熔敷金属的氮含量越少。目前，$\phi2.0mm$以下的小直径药芯焊丝一般采用O型截面；$\phi2.4mm$以上的大直径药芯焊丝多采用E型或双层等复杂截面。常用的药芯焊丝截面形状如图3-1所示。

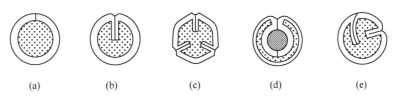

图 3-1　药芯焊丝的截面形状

（a）O型；（b）T型；（c）梅花型；（d）双层药芯；（e）E型

气体保护焊用碳钢、低合金钢焊丝型号编制方法：字母"ER"表示焊丝，ER后面的两位数字表示熔敷金属的抗拉强度最低值，"-"后面的字母或数字表示焊丝化学成分分类代号。如附加其他化学元素，用元素符号表示，并以短线"-"与前面数字分开。焊丝型号举例如下：

实芯焊丝的标识中，第一字母用"H"表示焊接用实芯焊丝，字母"H"后面的一位或两位数字表示碳含量，化学元素及其后面的数字表示该元素大致的百分含量数值，当合金元素含量小于1%时，该元素化学符号后面的数字1省略。结构钢焊丝牌号尾部标有"A"或"E"时，"A"表示为优质品，说明该焊丝的硫、磷含量比普通焊丝低；"E"表示为高级优质品，其硫、磷含量更低，例如H08Mn2SiA。

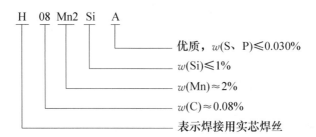

药芯焊丝第一个字母"Y"表示药芯焊丝。第二个字母及随后的三位数字与焊条牌号的编制方法相同。牌号中短横线后的数字表示焊接时的保护方法，其中："1"表示气体保护，"2"表示自保护，"3"表示气体保护自保护两用，"4"表示为其他保护形式。当药芯焊丝有特殊性能和用途时，在牌号后面加注起主要用途和起主要作用的元素字母，一般不超过两个字，例如YJ422-1。

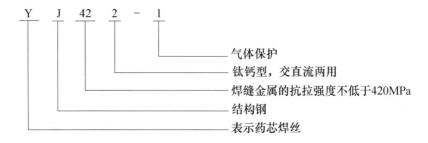

有色金属及铸铁焊丝牌号前用两个字母"HS"表示焊丝，牌号第一位数字表示焊丝的化学组成类型："1"表示堆焊硬质合金类型，"2"表示铜及铜合金类型，"3"表示铝及铝合金类型，"4"表示铸铁。牌号的第二、三位数字表示同一类型焊丝的不同牌号，例如HS221。

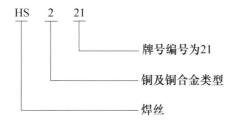

3.2.2 国外焊丝分类与标识

焊丝的国际标准（ISO）同样包括两个系列：按照屈服强度和全焊缝金属平均冲击功47J分类（后缀字母"A"的系列），此系列相当于欧洲填充材料标准系列；或者按照抗拉强度和全焊缝金属平均冲击功27J进行分类（后缀字母"B"的系列），此系列是以泛太平洋国家填充材料标准为基础。

针对涉及使用焊丝的焊接方法，其填充材料的标记如表3-44所示。

表 3-44 填充材料标记

填充材料标记	方 法	ISO 数字标记
E	焊条电弧焊	111
G	金属极气体保护焊	131、135
W	钨极惰性气体保护焊	141
O	氧气火焰气焊	31
S	埋弧焊	12
T	自保护和气体保护药芯焊丝焊	114、136、137

3.2.2.1 ISO 636 标准

ISO 636《非合金钢及细晶粒钢钨极惰性气体保护焊中的焊棒、焊丝和熔敷金属—分类》中，按照 A 系列分类方法，焊丝的标记包括 4 部分：

（1）产品/工艺的标记；

（2）熔敷金属的强度和伸长率标记（表3-45）；

（3）熔敷金属冲击性能的标记（表3-46）；

（4）焊棒或焊丝化学成分的标记（表3-47）。

例如 ISO 636-AW463W3Si1，其代表的意义如下所示，且按照化学成分可简化标记为 ISO 636-AW3Si1。

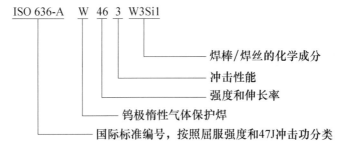

表 3-45　强度和伸长率

标　记	最低屈服强度/N·mm^{-2}	抗拉强度/N·mm^{-2}	最低伸长率[1]/%
35	355	440~570	22
38	380	470~600	20
42	420	500~640	20
46	460	530~680	20
50	500	560~720	18

[1] $L_0 = 5D_0$。

表 3-46　冲击功标记

标　记	冲击功达到 47J[1] 或者 27J[2] 的试验温度/℃
Z	无要求
A[1] 或 Y[2]	+20
0	0
2	-20
3	-30
4	-40
5	-50
6	-60
7	-70
8	-80
9	-90
10	-100

[1] 按照屈服强度和 47J 冲击功分类。

[2] 按照抗拉强度和 27J 冲击功分类。

表 3-47　TIG 焊的填充材料化学成分标记（节选）

标记	化学成分(质量分数)/%										
	C	Si	Mn	P	S	Ni	Cr	Mo	V	Al	Ti+Zr
W0	其他										
W2Si	0.06~0.14	0.50~0.80	0.90~1.30	0.025	0.025	0.15	0.15	0.15	0.03	0.02	0.15
W3Si1	0.06~0.14	0.70~1.00	1.30~1.60	0.025	0.025	0.15	0.15	0.15	0.03	0.02	0.15
W4Si1	0.06~0.14	0.80~1.20	1.60~1.90	0.025	0.025	0.15	0.15	0.15	0.03	0.02	0.15
W3Ni1	0.06~0.14	0.50~0.90	1.00~1.60	0.020	0.020	0.80~1.50	0.15	0.15	0.03	0.02	0.15
W2Ni2	0.06~0.14	0.40~0.80	0.80~1.40	0.020	0.020	2.10~2.70	0.15	0.15	0.03	0.02	0.15

3.2.2.2　ISO 14341 标准

实芯焊丝 ISO 14341：2002（EN ISO 14341：2008）《焊接填充材料—非合金钢、细晶粒钢气体保护焊用实芯焊丝和熔敷金属—分类》中，按照 A 系列分类方法，实芯焊丝的标记包括 5 部分：

(1) 产品/工艺的标记；

(2) 熔敷金属的强度和伸长率标记（表 3-48）；

(3) 熔敷金属冲击性能的标记（表 3-49）；

(4) 所用保护气体的标记（具体见焊接保护气体部分）；

(5) 焊丝化学成分的标记（表 3-50）。

例如 ISO 14341-A G 46 5 M G3Si1 的具体标记意义如下所示，简化标记按照焊丝化学成分标记为 ISO 14341-A G3Si1。

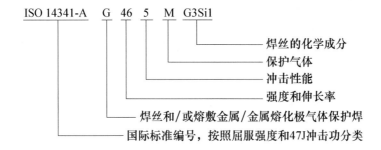

表 3-48　熔敷金属抗拉强度、最低屈服强度和最低伸长率的标记

标 记	最低屈服强度/N·mm^{-2}	抗拉强度/N·mm^{-2}	最低伸长率/%
35	355	440~570	22
38	380	470~600	20
42	420	500~640	20
46	460	530~680	20
50	500	560~720	18

表 3-49　熔敷金属冲击功的标记

标 记	最小冲击值为 47J 的试验温度/℃
Z	无要求
A	+20
0	0
2	−20
3	−30
4	−40
5	−50
6	−60

注：该冲击值为 ISO-V 型缺口冲击试样的中间值，其中一个试样的最小冲击值不得低于 32J。

表 3-50　焊丝的化学成分（节选）

符号	化学成分/%								
	C	Si	Mn	P	S	Ni	Mo	Al	Ti 和 Zr
G0	其他合金成分组成								
G2Si1	0.06~0.14	0.05~0.80	0.90~1.3	0.025	0.025	0.15	0.15	0.02	0.15
G3Si1	0.06~0.14	0.70~1.00	1.30~1.60	0.025	0.025	0.15	0.15	0.02	0.15
G4Si1	0.06~0.14	0.80~1.20	1.60~1.90	0.025	0.025	0.15	0.15	0.02	0.15
G3Si2	0.06~0.14	1.00~1.20	1.30~1.60	0.025	0.025	0.15	0.15	0.02	0.15
G2Ti	0.04~0.14	0.40~0.80	0.90~1.40	0.025	0.025	0.15	0.15	0.25~0.50	0.25~0.50
G3Ni1	0.06~0.14	0.50~0.90	1.00~1.60	0.020	0.020	0.80~1.50	0.15	0.02	0.15
G3Ni2	0.06~0.14	0.40~0.80	0.80~1.40	0.025	0.025	0.40~0.60	0.15	0.02	0.15
G2Mo	0.08~0.12	0.30~0.70	0.90~1.30	0.020	0.020	0.15	0.40~0.60	0.02	0.15
G4Mo	0.06~0.14	0.50~0.80	1.70~2.10	0.025	0.025	0.15	0.40~0.60	0.02	0.15
G2Al	0.08~0.14	0.30~0.50	0.90~1.30	0.025	0.025	0.15	0.15	0.35~0.75	0.15

注：1. 其余成分：$w(Cr) \leqslant 0.15\%$，$w(Cu) \leqslant 0.35\%$ 和 $w(V) \leqslant 0.03\%$，钢中镀 Cu 的成分不得超过 0.35%；

　　2. 表中数值均为最高值；

　　3. 此表数值与 ISO 31-0 附件 B 中的规定 A 相符合。

B 系列的分类方法举例如 ISO 14341-BG49A6MG3，其可简化标记为 ISO 14341-BG3，具体如下所示：

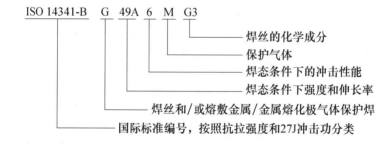

3.2.2.3　ISO 17632 标准

ISO 17632：2004（EN ISO 17632：2008）《非合金钢及细晶粒钢气体保护和自保护金属电弧焊用药芯焊丝—分类》中，按照 A 类分类方法，药芯焊丝的标记包括以下部分：

（1）药芯焊丝的标记（T）；

（2）多道焊技术中熔敷金属的强度和伸长率（表 3-51），或者单道焊技术中母材和焊接接头的强度（表 3-52）；

（3）熔敷金属或焊接接头的冲击性能标记（表 3-53）；

（4）熔敷金属化学成分的标记（表 3-54）；

（5）焊芯类型的标记（表 3-55）；

（6）保护气体的标记（具体见保护气体部分）；

（7）焊接位置的标记（表 3-56）；

（8）熔敷金属扩散氢含量的标记（表 3-57）。

例如，ISO 17632-A T 46 3 1Ni B M 1 H5 与 ISO 17632-A T 3T Z R C 3 H10 的标识意义分别如下所示：

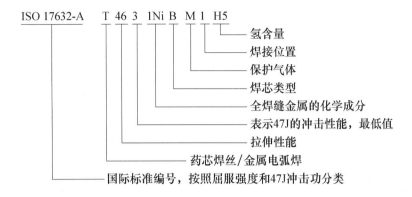

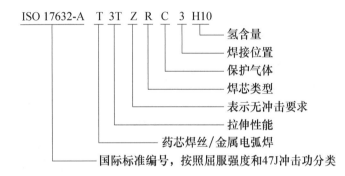

表 3-51 多道焊技术中熔敷金属的强度和伸长率

标 记	最低屈服强度/MPa	抗拉强度/MPa	最低伸长率[1]/%
35	355	440~570	22
38	380	470~600	20
42	420	500~640	20
46	460	530~680	20
50	500	560~720	18

[1] $L_0 = 5D_0$。

表 3-52 单道焊技术拉伸性能标记

标 记	最低母材屈服强度/MPa	焊接接头最低抗拉强度/MPa
3T	355	470
4T	420	520
5T	500	600

表 3-53 熔敷金属或焊接接头的冲击性能标记

标 记	47J[1][2]或者27J[3]最低平均冲击功温度值/℃
Z[1]	无要求

标　记	47J[①②] 或者 27J[③] 最低平均冲击功温度值/℃
A[②] 或 Y[③]	+20
0	0
2	−20
3	−30
4	−40
5	−50
6	−60
7	−70
8	−80
9	−90
10	−100

①标记 Z 只用于单道焊焊丝。

②按照屈服强度和 47J 冲击功分类。

③按照抗拉强度和 27J 冲击功分类。

表 3-54　熔敷金属化学成分的标记

成分识别	化学成分(质量分数)[①]/%											
	C	Mn	Si	P	S	Cr	Ni	Mo	V	Nb	Al[②]	Cu
无标记	—	2.0	—	—	—	0.2	0.5	0.2	0.08	0.05	2.0	0.3
Mo	—	1.4	—	—	—	0.2	0.5	0.3~0.6	0.08	0.05	2.0	0.3
MnMo	—	1.4~2.0	—	—	—	0.2	0.5	0.3~0.6	0.08	0.05	2.0	0.3
1Ni	—	1.4	0.80	—	—	0.2	0.6~1.2	0.2	0.08	0.05	2.0	0.3
1.5Ni	—	1.6	—	—	—	0.2	1.2~1.8	0.2	0.08	0.05	2.0	0.3
2Ni	—	1.4	—	—	—	0.2	1.8~2.6	0.2	0.08	0.05	2.0	0.3
3Ni	—	1.4	—	—	—	0.2	2.6~3.8	0.2	0.08	0.05	2.0	0.3
Mn1Ni	—	1.4~2.0	—	—	—	0.2	0.6~1.2	0.2	0.08	0.05	2.0	0.3
1NiMo	—	1.4	—	—	—	0.2	0.6~1.2	0.3~0.6	0.08	0.05	2.0	0.3
Z[③]	—	—	—	—	—	—	—	—	—	—	—	—

①表中单个数值为最大值。

②只是自保护焊丝。

③其他允许成分。

表 3-55　焊芯类型的标记

标记	性　能	焊缝类型	保护气体	焊接位置	熔滴过渡
R	金红石，慢凝固熔渣	单道和多道	需要	PA、PB	喷射过渡
P	金红石，快凝固熔渣	单道和多道	需要	全位置	喷射过渡
B	碱性	单道和多道	需要	PA、PB	大颗粒熔滴过渡

续表 3-55

标记	性能	焊缝类型	保护气体	焊接位置	熔滴过渡
M	金属粉末	单道和多道	需要	PA、PB	细熔滴喷射过渡
V	金红石或碱性/氟化物	单道	不需要	PA、PB	少量大颗粒熔滴过渡到喷射过渡
W	碱性/氟化物，慢凝固熔渣	单道和多道	不需要	PA、PB（部分 PG）	由大颗粒熔滴过渡到亚射流过渡
Y	碱性/氟化物，快凝固熔渣	单道和多道	不需要	全位置	亚射流过渡

表 3-56　焊接位置的标记

标记	焊接位置[①]
1	PA、PB、PC、PD、PE、PF、PG
2	PA、PB、PC、PD、PE、PF
3	PA、PB
4	PA
5	PA、PB、PG

①PA—平焊；PB—平角焊；PC—横焊；PD—仰角焊；PE—仰焊；PF—立向上焊；PG—立向下焊。

表 3-57　熔敷金属扩散氢含量的标记

标记	氢含量（最大值）/mL·(100g 焊缝金属)$^{-1}$
H5	5
H10	10
H15	15

3.2.2.4　ISO 14171 标准

ISO 14171《焊接填充材料—非合金和细晶粒结构钢埋弧焊焊丝和熔敷金属标准—分类》中，A 系列标记主要包括以下部分：

（1）第一部分给出产品/工艺的标记；

（2）第二部分给出多道焊技术中全焊缝金属的强度和伸长率标记（表 3-58），或者双道焊技术中母材的强度（表 3-59）；

（3）第三部分给出全焊缝金属或者焊接接头的冲击性能的标记（表 3-60）；

（4）第四部分给出所用焊剂类型的标记（表 3-61）；

（5）第五部分给出所用焊丝化学成分的标记（表 3-62）。

例如，ISO 14171-A S 46 3 AB S2、ISO 14171-A S 4T 2 AB S2Mo、ISO 14171-A S S2Mo，其具体意义如下所示：

ISO 14171-A 表示国际标准编号，按照屈服强度和 47J 冲击功分类；

S 表示埋弧焊用焊丝-焊剂配合及焊丝标记；

46 及 4T 表示拉伸性能，包括全焊缝金属的屈服强度、抗拉强度和伸长率（46 见表 3-58，4T 见表 3-59）；

3 及 2 表示冲击性能；

AB 表示焊剂类型;

S2 及 S2Mo 表示焊丝的化学成分。

EN756 的标记方式与 ISO 14171-A 系统标记方法完全一致。

表 3-58　多道焊技术的拉伸性能标记（按照屈服强度和 47J 冲击功分类）

标记	最低屈服强度[①]/N·mm^{-2}	抗拉强度/N·mm^{-2}	最低伸长率[②]/%
35	355	440~570	22
38	380	470~600	20
42	420	500~640	20
46	460	530~680	20
50	500	560~720	18

①对于屈服强度，在发生屈服时使用低屈服度（R_{eL}），否则将使用 0.2%屈服点强度（$R_{p0.2}$）。

②标准长度等于试样直径的 5 倍。

表 3-59　双面单道焊技术的拉伸性能标记（按照屈服强度和 47J 冲击功分类）

标记	最低母材屈服强度/N·mm^{-2}	焊接接头最低抗拉强度/N·mm^{-2}
2T	275	370
3T	355	470
4T	420	520
5T	500	600

表 3-60　全焊缝金属或者双面单道焊接头冲击性能标记

标　记	冲击功达到 47J 或者 27J 的试验温度/℃
Z	无要求
A 或 Y	+20
0	0
2	-20
3	-30
4	-40
5	-50
6	-60
7	-70
8	-80
9	-90
10	-100

表 3-61　焊剂类型标记

标　记	焊 剂 类 型
MS	锰-硅酸盐

续表 3-61

标 记	焊 剂 类 型
CS	钙-硅酸盐
CG	钙-镁
CB	钙-镁-碱性
CI	钙-镁-铁
IB	钙-镁-铁-碱性
ZS	锆-硅酸盐
RS	金红石-硅酸盐
AR	铝酸盐-金红石
AB	铝酸盐-碱性
AS	铝酸盐-硅酸盐
AF	铝酸盐-氟化物-碱性
FB	氟化物-碱性
Z	其他类型

表 3-62 埋弧焊用焊丝的化学成分（按照屈服强度和 47J 冲击功分类）

标记	化学成分[①②]/%							
	C	Si	Mn	P	S	Mo	Ni	Cr
S0	允许成分							
S1	0.05~0.15	0.15	0.35~0.60	0.025	0.025	0.15	0.15	0.15
S2	0.07~0.15	0.15	0.80~1.30	0.025	0.025	0.15	0.15	0.15
S3	0.07~0.15	0.15	1.30~1.75	0.025	0.025	0.15	0.15	0.15
S4	0.07~0.15	0.15	1.75~2.25	0.025	0.025	0.15	0.15	0.15
S1Si	0.07~0.15	0.15~0.40	0.35~0.60	0.025	0.025	0.15	0.15	0.15
S2Si	0.07~0.15	0.15~0.40	0.80~1.30	0.025	0.025	0.15	0.15	0.15
S2Si2	0.07~0.15	0.40~0.60	0.80~1.30	0.025	0.025	0.15	0.15	0.15
S3Si	0.07~0.15	0.15~0.40	1.30~1.85	0.025	0.025	0.15	0.15	0.15
S4Si	0.07~0.15	0.15~0.40	1.85~2.25	0.025	0.025	0.15	0.15	0.15
S1Mo	0.05~0.15	0.05~0.25	0.35~0.60	0.025	0.025	0.45~0.65	0.15	0.15
S2Mo	0.07~0.15	0.05~0.25	0.80~1.30	0.025	0.025	0.45~0.65	0.15	0.15
S3Mo	0.07~0.15	0.05~0.25	1.30~1.75	0.025	0.025	0.45~0.65	0.15	0.15
S4Mo	0.07~0.15	0.05~0.25	1.75~2.25	0.025	0.025	0.45~0.65	0.15	0.15
S2Ni1	0.07~0.15	0.05~0.25	0.80~1.30	0.020	0.020	0.15	0.80~1.20	0.15
S2Ni1.5	0.07~0.15	0.05~0.25	0.80~1.30	0.020	0.020	0.15	1.20~1.80	0.15
S2Ni2	0.07~0.15	0.05~0.25	0.80~1.30	0.020	0.020	0.15	1.80~2.40	0.15
S2Ni3	0.07~0.15	0.05~0.25	0.80~1.30	0.020	0.020	0.15	2.80~3.70	0.15
S2Ni1Mo	0.07~0.15	0.05~0.25	0.80~1.30	0.020	0.020	0.45~0.65	0.80~1.20	0.20

标记	化学成分①②/%							
	C	Si	Mn	P	S	Mo	Ni	Cr
S3Ni1.5	0.07~0.15	0.05~0.25	1.30~1.70	0.020	0.020	0.15	1.20~1.80	0.20
S3Ni1Mo	0.07~0.15	0.05~0.25	1.30~1.80	0.020	0.020	0.45~0.65	0.80~1.20	0.20
S3Ni1.5Mo	0.07~0.15	0.05~0.25	1.20~1.80	0.020	0.020	0.45~0.65	1.20~1.80	0.20

①最终产品化学成分，$w(Cu)$（包括铜外皮）≤0.30%，$w(Al)$ ≤0.030%。

②表中单个数值为最大值。

3.2.2.5 EN 12536 标准

EN 12536：2000《焊丝（非合金钢和热强钢）—分类》中，对气焊焊丝的标识进行了规定，例如 EN 12536 OⅢ 的标识意义如下所示：

其中，焊丝化学成分组别见表 3-63，焊丝颜色标记见表 3-64。

表 3-63　焊丝化学成分组别（EN 12536）

标记	化学成分①②/%							
	C	Si	Mn	P	S	Mo	Ni	Cr
OZ	协商							
OⅠ	0.03~0.12	0.02~0.20	0.35~0.65	0.030	0.025	—	—	—
OⅡ	0.03~0.20	0.05~0.25	0.50~1.20	0.025	0.025	—	—	—
OⅢ	0.05~0.15	0.05~0.25	0.95~1.25	0.020	0.020	—	0.35~0.80	—
OⅣ	0.08~0.15	0.10~0.25	0.90~1.20	0.020	0.020	0.45~0.65	—	—
OⅤ	0.10~0.15	0.10~0.25	0.80~1.20	0.020	0.020	0.45~0.65	—	0.80~1.20
OⅥ	0.03~0.10	0.10~0.25	0.40~0.70	0.020	0.020	0.90~1.20	—	2.00~2.20

①如果未规定：$w(Mo)$ ≤0.3%，$w(Ni)$ ≤0.3%，$w(Cr)$ ≤0.15%，$w(Cu)$ ≤0.35%，$w(V)$ ≤0.03%，铜含量小于 0.35%，包括镀铜层。

②单值为最大值。

表 3-64　焊丝颜色标记

焊丝等级	标　记	颜　色
OⅠ	Ⅰ	无
OⅡ	Ⅱ	灰色
OⅢ	Ⅲ	金色
OⅣ	Ⅳ	红色
OⅤ	Ⅴ	黄色
OⅥ	Ⅵ	绿色

3.2.3 焊丝贮存与使用

3.2.3.1 焊丝贮存

(1) 焊丝应存放在干燥、通风良好的室内仓库里。不允许露天存放或放置在有害气体和腐蚀性介质(如 SiO_2 等)的室内,室内应保持整洁,推荐的保管条件为室温 $10 \sim 15℃$(最高 $40℃$)以上,最大相对湿度为 60%。

(2) 焊丝应存放在架子上,架子离地面的距离应不小于 300mm,离墙壁距离不小于 300mm,以保持空气流通,防止受潮。

(3) 焊丝堆放时应按种类、牌号、批次、规格、入库时间分类堆放,每垛应有明确的标就避免混乱。发放焊丝时应遵循先进先出的原则,避免焊条存放期太长。

(4) 搬运过程中,要避免乱扔乱放,防止包装受损。对于捆状焊丝,要防止因钢丝架变形而不能装入送丝机。对于筒状焊丝,搬运时切勿滚动,容器也不能放倒或倾斜,以避免筒内焊丝缠绕,妨碍使用。

(5) 开包后的焊丝应在两天内用完,开包后的焊丝要防止其表面冷凝结露,或被锈、油脂等所污染,保持焊丝表面干净、干燥。

(6) 焊丝清洗后应及时使用,如放置时间较长,应重新清洗。不锈钢焊丝或有色金属焊丝使用前最好用化学方法去除其表面油锈,以免造成焊缝缺陷。

(7) 当焊丝没用完,需放在送丝机内过夜时,要用帆布、塑料布或其他物品将送丝机(或焊丝盘)罩住,以减少与空气中的湿气接触。对于 3 天以上时间不用的焊丝,要从送丝机内取下,放回原包装内,封口密封,然后再放入保管条件良好的仓库中。

(8) 如发现焊丝包装破损,要认真检查。对于有明显机械损伤或有过量锈迹的焊丝,不能用于焊接,应退回至检查员或技术负责人处检查及做使用认可。

3.2.3.2 焊丝清理与烘干

焊丝在使用前应进行仔细清理(去油、去锈等),一般不需要进行烘干处理。在实际施工中,对于受潮较为严重的焊丝,也应进行烘干处理。焊丝的烘干温度不宜过高,一般为 $(120 \sim 150)℃ \times (1 \sim 2)h$ 即可。焊丝烘干对消除焊缝中的气孔及降低扩散氢含量有利。

3.3 焊 剂 标 准

焊剂是焊接时能够熔化形成熔渣和气体,对熔化金属起保护和冶金处理作用的颗粒状物质,其主要应用在埋弧焊、电渣焊等焊接工艺中。焊剂在焊接过程中,起隔离空气、保护焊接区金属不受空气的侵害,以及进行冶金处理的作用。

3.3.1 国内焊剂型号与牌号标识

焊剂按制造方法分为熔炼焊剂和非熔炼焊剂。熔炼焊剂是将一定比例的各种配料放在炉内熔炼,然后经过水冷粒化、烘干、筛选而制成的焊剂。而非熔炼焊剂根据焊剂烘焙温度不同又分为黏结焊剂和烧结焊剂,其中,黏结焊剂是将一定比例的各种粉状配料加入适量黏结剂,经混合搅拌、粒化和低温(400℃)烘干而制成的;烧结焊剂是将一定比例的各种粉状配料加入适量黏结剂，混合搅拌后经高温（400~1000℃）烧结成块，经过粉碎、筛选而制成的。

国内焊剂型号的表示方法是：用"焊剂"二字汉语拼音的第一个字母"HJ"来表示焊剂。第一位数字×₁表示焊缝金属的抗拉强度等拉伸力学性能，如表3-65所示。第二位数字×₂表示拉伸试样和冲击试样的状态，其中0表示焊态；2表示焊后热处理状态。第三位数字×₃表示焊缝金属冲击吸收功不小于27J时的最低试验温度，见表3-66。尾部的"H×××"表示焊接试板时与之匹配的焊丝牌号。

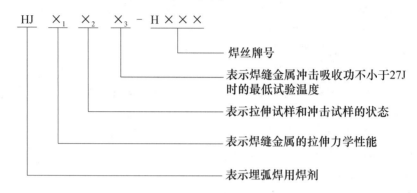

表3-65　焊剂型号中第一位数字的含义

×₁	抗拉强度 σ_b/MPa	屈服点 σ_s/MPa	伸长率 δ/%
3	410~550	≥303	≥22.0
4	410~550	≥330	≥22.0
5	480~650	≥437	≥22.0

表3-66　焊剂型号中第三位数字的含义

×₃	0	1	2	3	4	5	6
试验温度/℃	—	0	-20	-30	-40	-50	-60

例如HJ403-H08MnA表示埋弧焊用焊剂，采用H08MnA焊丝按规定的焊接工艺参数焊接试板，其试样状态为焊态时焊缝金属的抗拉强度为410~550MPa，屈服点不小于330MPa，伸长率不小于22%，在-30℃时冲击吸收功不小于27J。

熔炼焊剂牌号的表示方法为：牌号前用"HJ"表示埋弧焊及电渣焊用熔炼焊剂；牌号的第一位数字表示焊剂中氧化锰（MnO）的含量，见表3-67；第二位数字表示焊剂中二氧化硅（SiO₂）、氟化钙（CaF₂）的平均含量，见表3-68；牌号中的第三位数字表示同一类型焊剂的不同牌号，按0、1、2、…、9顺序排列。当同一牌号焊剂生产两种颗粒度时，在细颗粒焊剂牌号后面加"X"字母或加"细"字。例如焊剂HJ431X；

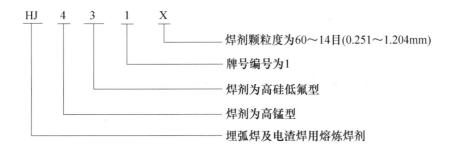

焊剂颗粒度为60~14目(0.251~1.204mm)

牌号编号为1

焊剂为高硅低氟型

焊剂为高锰型

埋弧焊及电渣焊用熔炼焊剂

表3-67 熔炼焊剂牌号中第一位数字代表含义

焊剂牌号	焊剂类型	MnO 平均含量/%
HJ1×$_2$×$_3$	无锰	<2
HJ2×$_2$×$_3$	低锰	2~15
HJ3×$_2$×$_3$	中锰	15~30
HJ4×$_2$×$_3$	高锰	>30

表3-68 熔炼焊剂牌号中第二位数字代表含义

焊剂牌号	焊剂类型	SiO$_2$和CaF$_2$平均含量/%		焊剂牌号	焊剂类型	SiO$_2$和CaF$_2$平均含量/%	
		SiO$_2$	CaF$_2$			SiO$_2$	CaF$_2$
HJ×$_1$1×$_3$	低硅低氟	<10	<10	HJ×$_1$6×$_3$	高硅中氟	>30	10~30
HJ×$_1$2×$_3$	中硅低氟	10~30	<10	HJ×$_1$7×$_3$	低硅高氟	≤10	>30
HJ×$_1$3×$_3$	高硅低氟	>30	<10	HJ×$_1$8×$_3$	中硅高氟	10~30	>30
HJ×$_1$4×$_3$	低硅中氟	<10	10~30	HJ×$_1$9×$_3$	其他	—	—
HJ×$_1$5×$_3$	中硅中氟	10~30	10~30				

牌号前用"SJ"表示烧结焊剂。牌号中的第一位数字表示焊剂熔渣的渣系,见表3-69;牌号中第二位、第三位数字表示同一渣系类型焊剂中不同的牌号,按01、02、…、09顺序排列。例如烧结焊剂SJ501:

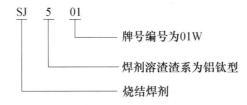

牌号编号为01W

焊剂溶渣渣系为铝钛型

烧结焊剂

表3-69 烧结焊剂牌号中第一位数字代表含义

焊剂牌号	熔渣渣系类型	主要组成(质量分数)/%
SJ1××	氟碱型	CaF$_2$≥15、CaO+MgO+MnO+CaF$_2$>50、SiO$_2$≤20
SJ2××	高铝型	Al$_2$O$_3$≥20、Al$_2$O$_3$+CaO+MgO>45
SJ3××	硅钙型	CaO+MgO+SiO$_2$>60
SJ4××	硅锰型	MnO+SiO$_2$>50

续表 3-69

焊剂牌号	熔渣渣系类型	主要组成(质量分数)/%
SJ5××	铝钛型	$Al_2O_3+TiO>45$
SJ6××	其他型	—

熔炼焊剂与烧结焊剂的性能比较见表 3-70。

表 3-70　熔炼焊剂与烧结焊剂性能比较

项 目		熔炼焊剂	烧结焊剂
焊接工艺性能	高速焊接性能	焊道均匀,不易产生气孔和夹渣	焊道无光泽,易产生气孔、夹渣
	大电流焊接性能	焊道凹凸显著,易黏渣	焊道均匀,易脱渣
	吸潮性能	比较小,可不必再烘干	比较大,必须再烘干
	抗锈性能	比较敏感	不敏感
焊缝性能	韧性	受焊丝成分和焊剂碱度影响大	比较容易得到较好的韧性
	成分波动	焊接规范变化时成分波动小、均匀	成分波动大,不容易均匀
	多层焊性能	焊缝金属的成分变动小	焊缝金属成分波动比较大
	合金剂的添加	几乎不可能	容易

　　熔炼焊剂按 SiO_2 含量可分为高硅焊剂(SiO_2 含量大于 30%)、中硅焊剂(SiO_2 含量在 10%~30%之间)、低硅焊剂(SiO_2 含量小于 10%),高硅焊剂多用于焊接低碳钢和某些低合金钢,不宜焊接对于低温韧性要求较高的结构;中硅焊剂的焊缝韧性较高,可用于焊接合金结构钢;低硅焊剂配合相应焊丝可用来焊接高合金钢,如不锈钢、热强钢等。烧结焊剂具有松装密度小、熔点比较高的特点,适用于大线能量焊接,而且烧结焊剂容易向焊缝中过渡合金元素,在焊接特殊钢种时应首选烧结焊剂。具体焊剂用途及配用焊丝见表 3-71。焊剂一般在使用前要进行烘干,常用的焊剂烘干温度见表 3-72。

表 3-71　常用焊丝与焊剂的选用

焊剂牌号	焊剂类型	配用焊丝	焊剂用途
HJ130	无锰高硅低氟	H10Mn2	焊接低碳结构钢、低合金钢,如 16Mn 等
HJ131	无锰高硅低氟	配 Ni 基焊丝	焊接镍基合金薄板结构
HJ230	低锰高硅低氟	H08MnA、H10Mn2	焊接低碳结构钢及低合金结构钢
HJ260	低锰高硅中氟	Cr19Ni9 型焊丝	焊接不锈钢及轧辊堆焊
HJ330	中锰高硅低氟	H08MnA、H08Mn2、H08MnSi	焊接重要的低碳钢结构和低合金钢,如 Q235A、15g、20g、16Mn 等
HJ430	高锰高硅低氟	H08A、H10Mn2A、H10MnSiA	焊接低碳钢结构及低合金钢
HJ431	高锰高硅低氟	H08A、H08MnA、H10MnSiA	焊接低碳结构钢及低合金钢
HJ433	高锰高硅低氟	H08A	焊接低碳结构钢
HJ150	无锰中硅中氟	配 2Cr13 或 3Cr2W8,配铜焊丝	堆焊轧辊、焊铜
HJ250	低锰中硅中氟	H08MnMoA、H08Mn2MoA	焊接 15MnV、14MnMoV、18MnMoNb 等
HJ350	中锰中硅中氟	配相应焊丝	焊接锰钼、锰硅及含镍低合金高强度钢

续表 3-71

焊剂牌号	焊剂类型	配用焊丝	焊剂用途
HJ172	无锰低硅高氟	配相应焊丝	焊接高铬铁素体热强钢（15Cr11CuNiWV）或其他高合金钢
SJ101	氟碱型，碱性	H08MnA、H08MnMoA、H08Mn2MoA、H10Mn2	焊接低合金结构钢，锅炉、压力容器及管道等重要结构，可用于多丝埋弧焊，特别适用于大直径容器的双面单道焊
SJ301	硅钙型，中性	H08MnA、H08MnMoA、H10Mn2	焊接普通结构钢、锅炉钢及管线钢，可用于多丝快速焊接，特别适用双面单道焊
SJ401	硅锰型，酸性	H08MnA	焊接低碳钢及某些低合金钢，多应用于矿山机械及机车车辆等金属结构焊接
SJ501	铝钛型，酸性	H08A、H08MnA	焊接低碳钢及 16Mn、15MnV 等低合金钢，多应用于船舶、锅炉、压力容器的焊接施工
SJ502	铝钛型，酸性	H08A	焊接重要的低碳钢及某些低合金钢重要结构，如锅炉、压力容器等

表 3-72　焊剂的烘干温度及保持时间

焊剂类型	牌　号	温度/℃	时间/h	焊剂类型	牌　号	温度/℃	时间/h
熔炼焊剂	HJ130、HJ131、HJ150	250	1~2	烧结焊剂	SJ101	300~350	2
	HJ151	250~300	2		SJ103	350	2
	HJ152	350	2		SJ104	400	2
	HJ172	300~400	2		SJ105	300~400	1
	HJ211	340~360	1		SJ107、SJ201	300~350	2
	HJ230	250	2		SJ202	300~350	1~2
	HJ250、HJ251	300~350	2		SJ203	250	2
	HJ252	350	2（100℃下出炉）		SJ301、SJ302、SJ303	300~350	2
					SJ401	250	2
	HJ260	300~400	2		SJ403、SJ501	300	2
	HJ330	250	2		SJ502、SJ504	300~350	1
	HJ331	300	2		SJ503、SJ522	350~400	2
	HJ350、HJ351	300~400	2		SJ524	350~400	1~2
	HJ360	250	2		SJ570、SJ601、SJ602	300~350	2
	HJ380	300~350	2		SJ605、SJ606	300~400	2
	HJ430、HJ431、HJ433	250	2		SJ607、SJ608、SJ608A	300~350	2
					SJ671	400	2
	HJ434	300	2		SJ701	300~400	2

3.3.2　ISO 14174 标准

ISO 14174《焊接填充材料—埋弧焊焊剂标准—分类》中，规定焊剂的标记包含以下6项：

（1）第一项给出产品/工艺的标记，埋弧焊焊剂的标记使用字母 S；

（2）第二项给出制造方法标记，制造方法：F 表示熔炼焊剂，A 表示烧结焊剂，M 表示混合焊剂；

（3）第三项给出焊剂类型、主要化学成分的标记（见表 3-73）；

（4）第四项给出焊剂的应用范围、等级的标记（见表 3-74）；

（5）第五项给出焊剂使用电流种类的标记，dc 表示直流，ac 表示交流；

（6）第六项给出全焊缝金属氢含量的标记（见表 3-75）。

在实际标记中，标识可分为强制部分和可选部分，其中：强制部分包括工艺、制造方法、主要化学成分（焊剂类型）和应用范围的标记；可选部分包括电流种类和扩散氢含量的标记。

例如埋弧焊焊剂 ISO 14174 S F CS 1 67 AC H10，其强制标记为 ISO 14174 S F CS 1，其中：ISO 14174 表示国际标准代号；S 表示埋弧焊用焊剂；F 表示熔炼焊剂；CS 表示焊剂类型为钙硅型；1 表示焊剂等级为 1，应用范围为非合金和细晶粒钢、高强钢、热强钢；6 7 表示 Mn 和 Si 的冶金行为是过渡的（焊剂的冶金行为有烧损、中间和过渡三种）；AC 表示电流种类为交流；H10 表示氢含量，每 100g 熔敷金属中氢含量为 10mL。

表 3-73　焊剂类型、主要化学成分[1][2][3]

标　记	主要化学成分	成分范围/%
MS 锰-硅酸盐型	$MnO + SiO_2$ CaO	最小 50 最大 15
CS 钙-硅酸盐型	$CaO + MgO + SiO_2$ $CaO + MgO$	最小 55 最小 15
CG[4] 钙-镁型	$CaO + MgO$ CO_2 Fe	最大 50 最小 2 最大 10
CB[4] 钙-镁-碱性	$CaO + MgO$ CO_2 Fe	40~80 最小 2 最大 10
CI[4] 钙-镁-铁型	$CaO + MgO$ CO_2 Fe	最大 50 最小 2 15~60
IB[4] 钙-镁-铁-碱性	$CaO + MgO$ CO_2 Fe	40~80 最小 2 15~60

标 记	主要化学成分	成分范围/%
ZS 锆-硅酸盐型	$ZrO_2 + SiO_2 + MnO$ ZrO_2	最小 45 最小 15
RS 金红石-硅酸盐型	$TiO_2 + SiO_2$ TiO_2	最小 50 最小 20
AR 铝酸盐-金红石型	$Al_2O_3 + TiO_2$	最小 40
AB 铝酸盐-碱性	$Al_2O_3 + CaO + MgO$ Al_2O_3 CaF_2	最小 40 最小 20 最大 22
AS 铝酸盐-硅酸盐型	$Al_2O_3 + SiO_2 + ZrO_2$ $CaF_2 + MgO$ ZrO_2	最小 40 最小 30 最小 5
AF 铝酸盐-氟化物-碱性	$Al_2O_3 + CaF_2$	最小 70
FB 氟化物-碱性	$CaO + MgO + CaF_2 + MnO$ SiO_2 CaF_2	最小 50 最大 20 最小 15
Z	其他成分	

①每一种焊剂的特点和应用详见标准 ISO 14174。
②烧结型焊剂中的碳酸盐（如 $CaCO_3$、$MgCO_3$）转化成 CaO、MgO，各组分与焊剂中除了 CO_2 的成分成比例。
③例如金属 Si 和 Si 化物转化成 SiO_2、金属 Mn 和 Mn 化物转化成 MnO，从而确定数值。
④烧结型焊剂中各组分与焊剂中除 Fe 外的成分成比例。

表 3-74　焊剂等级及应用范围

标记	等级	应 用
1	1	非合金和细晶粒钢、高强钢、热强钢，适合于连接焊和堆焊
2	2	不锈钢、耐热钢和/或镍及其合金，非合金焊剂适于表面堆焊
3	3	以耐磨为目的表面堆焊
4	4	既使用于焊剂等级 1 的范围，也适用于焊剂等级 2 的范围

表 3-75　全焊缝金属氢含量标记

标 记	氢含量/mL·(100g 熔敷金属)$^{-1}$（最大值）
H5	5
H10	10
H15	15

3.3.3　EN 760 标准

EN 760《焊接填充材料—埋弧焊焊剂标准—分类》与 ISO 14174 标记基本一致。

例如 EN760 F CS 1 67 AC H10，其中：EN 760 表示欧洲标准代号；S 表示埋弧焊用焊剂；F 表示熔炼焊剂；CS 表示焊剂类型为钙硅型；1 表示焊剂等级为 1，应用范围为非合金和细晶粒钢、高强钢、热强钢；6 7 表示 Mn 和 Si 是过渡的；AC 表示电流种类为交流；H10 表示氢含量，每 100g 熔敷金属中氢含量为 10mL。

3.4　焊接气体标准

3.4.1　常用焊接气体

国内相应的气体标准主要有 GB/T 3863—1995《工业用氧》、GB/T 3864—1996《工业氮》、HG/T 2537—1993《焊接用二氧化碳》、GB/T 4842—2006《氩》、HG/T 3661.2—1999《焊接切割用燃气—丙烷》等，焊接用气体的种类见表 3-76。

表 3-76　焊接施工中的常用气体特性与用途

类别	名称	纯度	主要特性	主要用途
助燃气	氧气（O_2）	一级：≥99.2% 二级：≥98.5%	无色、无味、助燃。高温下很活泼，能与多种元素化合。焊接时氧进入熔池会使金属氧化而起有害作用	与可燃气体燃烧可获得 3000℃ 以上高温，用于气焊、切割和加热矫正变形等工序
可燃气	乙炔（C_2H_2）	≥98%，用于焊接，硫化氢含量≥0.15%，磷化氢含量≥0.08%	乙炔气俗称电石气，又称溶解乙炔。无色、有特殊刺鼻气味。乙炔是碳氢化合物，性质活泼，在纯氧中燃烧的火焰温度可达 3150℃。乙炔温度高于 600℃ 或压力超过 0.15 MPa 时，遇火会爆炸	乙炔气和氧混合后形成氧-乙炔焰，在工业生产中广泛应用
可燃气	液化石油气		比空气重，主要成分为丙烷、丁烷、丙烯、丁烯以及少量的乙烷、乙烯等碳氢化合物。比乙炔火焰温度较低。在 0.8~1.5MPa 压力下即可变成液态，便于装瓶运输	与氧气混合后用于气割，由于火焰温度较乙炔低，故切割时预热时间较长，氧气耗量较多，操作时，不易产生回火爆炸。切口光洁，不渗碳
保护气	氩气（Ar）	焊钢≥99.7% 焊铝≥99.9% 焊钛≥99.99%	无色、无臭的单原子惰性气体，比空气重 25%，化学性质很不活泼，常温、高温下均不与其他元素起化合作用	由于其纯度高，能满足焊接工作的需要。常用于氩弧焊、等离子弧焊和等离子切割中起保护作用
保护气	二氧化碳（CO_2）	焊接时，CO_2 含量>99%，O_2 含量<0.1%，水分<1.22g/m^3；对于质量要求高的焊接，则纯度>99.8%，O_2 含量<0.1%，水分≤0.005%	无色、无味、无臭的气体，在标准状态下（0℃ 和 1 大气压）密度为 1.9768g/L，是空气的 1.5 倍，当它溶于水中时稍有酸味。在常温下很稳定，但在高温下几乎能全部分解。1kg 液态 CO_2 可气化成 509L 标准状态的 CO_2 气体	广泛用于 CO_2 气体保护焊。因 CO_2 在高温时具有氧化性，故所配用的焊丝应有足够的脱氧元素。与氧、氩等混合气组成混合保护气进行保护焊，如 Ar+O_2+CO_2、CO_2+O_2 等

续表 3-76

类别	名称	纯度	主要特性	主要用途
保护气	氦气 （He）	高纯氦：99.999% 一级纯氦：99.995% 二级纯氦：99.99% 一级工业氦：99.9% 二级工业氦：98%	无色、无臭、无毒的气体，在焊接过程中不与任何元素和化合物进行化学反应。氦气的电离电位高，会导致引弧困难，但其电弧温度比氩气的高。氦气密度只有空气的1/8	氦气主要是在焊接有色金属时作保护气体用，可与其他气体混合使用（如 Ar+He），采用氦气最合适的焊接方法是钨极气体保护电弧焊和熔化极气体保护电弧焊，但成本较高
	氮气 （N_2）	99.5%	化学性质不活泼。加热后能与钽、镁、钛等元素化合；高温时常与氢、氧直接化合，焊接时熔入熔池起有害作用。对铜不起反应，有保护作用	常用于等离子弧切割，气体保护焊时作为外层保护气，也可制成混合气体（$Ar+N_2$），用于铜及铜合金焊

3.4.2　ISO 14175 标准

ISO 14175：2008《焊接填充材料—熔化焊和切割用气体》标准中，规定了熔化焊和切割用气体的分类，气体用于但不限于以下焊接方法：钨极氩弧焊（141）、熔化极气体保护焊（13）、等离子焊（15）、等离子切割（83）、激光焊（52）、激光切割（84）、电弧钎焊（972）等。

在 ISO 14175 标准中，按照保护气体在焊接过程中呈现的特性，主要包括以下几种类型：

（1）I，惰性气体和惰性混合气体；

（2）M，包括氧气、二氧化碳或者二者都包含的氧化性气体；

（3）C，高氧化性气体和高氧化性气体的混合气体；

（4）R，还原性混合气体；

（5）N，不易起反应的气体或包含氮气的还原性混合气体；

（6）O，氧气；

（7）Z，未列出的混合气体。

具体如表 3-77 所示。

表 3-77　熔化焊和切割用气体分类

符号		气体组合/%						一般应用条件	备注
组别	数字代号	氧化性		惰性		还原性			
		CO_2	O_2	Ar	He	H_2	N_2		
I	1 2 3			100 其余	 100 0.5~95			MIG、MAG、 等离子焊， 根部保护	

续表 3-77

符号		气体组合/%						一般应用条件	备注
组别	数字代号	氧化性		惰性		还原性			
		CO_2	O_2	Ar	He	H_2	N_2		
M1	1	0.5~5		其余①					
	2	0.5~5	0.5~3	其余①					
	3		0.5~3	其余①		0.5~5			
	4	0.5~5		其余①					
M2	0	5~15		其余①					弱氧化性 ↓ 强氧化性
	1	15~25		其余①					
	2		3~10	其余①					
	3	0.5~5	3~10	其余①					
	4	5~15	0.5~3	其余①				MAG	
	5	5~15	3~10	其余①					
	6	15~25	0.5~3	其余①					
	7	15~25	3~10	其余①					
M3	1	25~50		其余①					
	2		10~15	其余①					
	3	5~50	2~10	其余①					
	4	5~25	10~15	其余①					
	5	25~50	10~15	其余①					
C	1	100							
	2	其余	0.5~30						
R	1			其余①		0.5~15		TIG 等离子焊，根部保护	
	2			其余①		15~35			
N	1						100		
	2			其余①			0.5~5		
	3			其余①			5~50		
	4			其余①		0.5~15	0.5~5		
	5					0.5~50	其余		
O	1		100						
Z		其他气体							

①可以使用氦气替代氩气。

针对焊接与切割用气体的标记举例，如下所示：

（1）在氩气中含有30%氦气的混合气体：ISO 14175-I3 标记为 ISO 14175-I3 ArHe-30。

（2）在氩气中含有6%二氧化碳、4%氧气的混合气体：ISO 14175-M25 标记为 ISO 14175-M25-ArCO-6/4。

（3）在氦气中含有7.5%氩气、2.5%二氧化碳的混合气体：ISO 14175-M12 标记为：

ISO 14175-M12-HeArC-7.5/2.5。

目前，由于使用混合气焊接可以提高焊接质量、减少焊接加热作用、减少焊接材质的氧化反应等优点，在工业焊接中基本都在使用混合气体焊接，常见的混合气体应用主要有：

（1）碳钢及低合金钢：$1\% \sim 5\% O_2 + 95\% \sim 99\% Ar$ 或 $20\% O_2 + 80\% Ar$。

（2）熔化极气体保护焊：

1）$20\% \sim 30\% CO_2 + 70\% \sim 80\% Ar$ 或 $5\% CO_2 + 95\% Ar$；

2）$15\% CO_2 + 5\% O_2 + 80\% Ar$ 或 $5\% CO_2 + 2\% O_2 + 93\% Ar$；

3）$75\% \sim 80\% CO_2 + 20\% \sim 25\% O_2$。

（3）钨极氩弧焊（适用于熔化极气体保护焊）：$80\% Ar + 20\% N_2$ 或 $94\% \sim 100\% Ar + 0 \sim 6\% H_2$。

（4）铝及铝合金：$29\% \sim 90\% He + 10\% \sim 71\% Ar$ 或 $75\% He + 25\% Ar$。

（5）不锈钢：$2\% O_2 + 98\% Ar$ 或 $5\% CO_2 + 95\% Ar$。

（6）镍基合金：$15\% \sim 20\% He + 80\% \sim 85\% Ar$。

（7）铁素体+奥氏体钢：$83\% Ar + 15\% He + 2\% CO_2$。

4 焊接生产标准

4.1 国际质量认证标准

目前，越来越多的企业认识到取得国际质量认证的重要性，重视国际质量认证的企业在快速增长，已经获得国际质量认证的企业销售额在普遍提高。国际质量认证的种类很多，最典型的有质量体系认证、生产制造资格认证和产品（样品）认证三大类。

4.1.1 质量体系认证

质量体系认证是企业认证的基础，侧重于企业的质量管理体系来进行，使认证企业通过自身管理体系的运作，来完成企业质量方针、目标的建立，以及质量策划、控制、保证和改进。对于焊接企业来说，质量体系认证包括 ISO 9000《质量管理和质量保证》系列标准认证和 ISO 3834《焊接质量要求金属熔化焊》系列标准认证，其中 ISO 3834 系列标准是根据 ISO 9000 系列标准的质量保证原则，针对焊接企业，结合焊接实际应用条件，规定了保证焊接质量体系应包括的焊接质量要求，简单地说，ISO 9000 系列的认证范围广，而 ISO 3834 系列标准只针对企业生产所采用的金属熔化焊进行认证。我国已将 ISO 3834 系列标准等同转化为国家标准 GB/T 12467 系列标准。

而 ISO 3834 系列标准又由 ISO 15609、ISO 15614、ISO 14731、ISO 9606 等标准进行细化与支撑，其层次及关系见图 4-1。

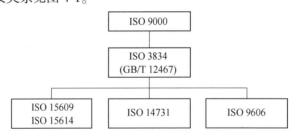

ISO 9000：质量管理和质量保证；
ISO 3834：焊接质量要求金属材料熔化焊；
ISO 15614：金属材料焊接工艺的要求及认可；
ISO 14731：焊接管理人员的责任和任务；
ISO 15609：金属材料焊接工艺规程；
ISO 9606：熔化焊焊工考试

图 4-1　焊接质量体系认证相关标准

4.1.1.1 ISO 9000 系列标准

ISO 族标准具有 4 个核心标准，分别是 ISO 9000、ISO 9001、ISO 9004、ISO 9011，具体见表 4-1。

表 4-1 ISO 族的核心标准

序号	标准号	内　　容
1	ISO 9000	表述质量管理体系基本原则并规定术语
2	ISO 9001	规定质量管理体系的要求，用于组织证实其具有提供满足顾客要求和适用的法规要求的产品的能力，是用于审核和第三方认证的唯一标准
3	ISO 9004	提供质量管理体系指南，包括持续改进的过程，有助于组织的顾客和其他相关方满意
4	ISO 9011	提供管理与实施环境和质量审核的指南

在社会生产中实施 ISO 9000 标准认证，能够有利于提高产品质量，保护消费者利益，为提高组织的运作能力提供了有效的方法，有利于增进国际贸易，消除技术壁垒，有利于组织的持续改进和持续满足顾客的需求与期望。ISO 9000 标准的质量管理遵循八个原则：以顾客为关注焦点、领导作用、全员参与、过程方法、管理的系统方法、持续改进、基于事实的决策方法、互利的供方关系。

ISO 9000 标准的质量管理体系要素见表 4-2，使用的文件类型见表 4-3。

表 4-2 ISO 9000 标准的质量管理体系要素

要　素	内　　容
管理职责	包括管理者承诺、以顾客为关注焦点、质量方针、策划、管理、管理评审等
资源管理	包括资源供给、人力资源、设施、工作环境等
产品和/或服务的实现	包括实现过程的策划、与顾客有关的过程（顾客要求的识别、产品要求的评审、与顾客沟通）、设计和/或开发（策划、输入、输出、评审、验证、确认、变更控制等环节）、采购（采购控制、采购信息、采购产品和/或服务的验证）、生产和服务的运作（运作控制、标识和可追溯性、顾客的财产、产品保护、过程确认、测量和监控装置的控制）
测量、分析和改进	包括策划、测量和监控（顾客满意度、内部审核、产品和过程的测量和监控）、不合格控制、数据分析、改进（持续改进策划、纠正措施、预防措施）

表 4-3 ISO 9000 标准的质量管理体系使用的文件类型

文件类型	说　　明
质量手册	向组织内部和外部提供关于质量管理体系一致的信息文件
质量计划	表述质量管理体系如何应用于特定产品、项目或合同的文件
程序	提供如何完成活动的一致的信息文件
记录	对所完成的活动或达到的结果提供客观证据的文件。每个组织确定所需文件的详略程度和所使用的媒体，这取决于下列因素，诸如组织的类型和规模、过程的复杂性和相互作用、产品的复杂性、顾客要求的重要性、适用的法规要求、经证实的人员能力以及满足质量管理体系要求所需证实的程度

质量体系的审核用于评价对质量管理体系要求的符合性和满足质量要求及目标方面的

有效性。审核的结果可用于识别改进的机会。ISO 9000 标准的质量管理体系审核有第一方审核（内审）、第二方审核和第三方审核等三种方式。其中：

第一方审核（内审）是用于内部目的，由组织自己或以组织的名义进行，可作为组织自我合格声明的基础。

第二方审核是由组织或其他人以顾客的名义进行的。

第三方审核是由外部独立的审核服务组织进行。这类组织通常是经认可的提供符合（如 ISO 9001）要求的认证或注册。

4.1.1.2　ISO 9001 标准

ISO 9001 标准是阐述并规定质量管理体系认证的标准，其主要特点有：

（1）确定了质量管理八项基本原则。

（2）是认证注册的唯一标准。

（3）在体例上采用了过程方式的过程方法模式，易于与其他管理体系实现兼容，如 ISO 14000 所要求的环境管理体系。

（4）强化了最高管理者对质量管理体系的作用和责任。

（5）要求必须具有文件控制、质量记录控制、内部质量审核、不合格控制、纠正措施、预防措施等 6 个程序。

按 ISO 9001 标准进行质量管理体系认证时，要求必须有质量保证、质量控制与质量计划环节。

质量保证（QA）是指在质量体系中实施并根据需要进行证实的全部有计划和扩建活动，目的是提供足够的信任，以表明企业能够满足质量要求。质量保证（QA）是对人、过程，致力于使管理者、顾客和其他相关方相信有能力满足质量要求，是通过控制过程来保证产品质量。

质量控制（QC）是为达到质量要求所采取的作业技术和活动。质量控制包括作业技术和活动，其目的在于监视过程并排除质量环所有阶段中导致不满意的原因，以取得经济效益。与质量保证（QA）不同，质量控制（QC）是对人、事、物，直接致力于满足质量要求，是通过控制每个阶段的"结果"来保证产品质量。

质量计划是针对某项产品项目或合同，规定专门的质量措施、资源和活动顺序的文件。质量计划是为达到质量目标所进行的筹划安排，质量计划总是针对一定的目标，如合同、项目或产品的特定要求。所针对目标的性质和范围不同，质量计划在形式和内容上也有很大的差别，如常见的检验计划以及比较复杂的某工程的项目质量计划、产品开发研制计划等。

ISO 9001 标准进行质量管理体系认证中，必须对文件和质量记录进行程序控制。文件控制是指质量管理体系运行所需文件应予受控。应制定文件化的程序，以利于：

（1）文件在发放前得到相应的批准；

（2）评审、必要的更新和重新批准文件；

（3）标识文件的现行版本状态；

（4）确保在使用现场可得到适用文件的相关版本；

（5）确保文件清晰，易于识别和检索；

（6）确保外来文件的标识，并控制其发放；

（7）防止作废文件非预期的使用，如果因任何目的要保留这些作废的文件，则应予以适当的标识。

质量记录的控制是指质量管理体系所需的记录应予受控，应保持这种质量记录，以提供与质量管理体系要求一致和有效运作的证据。应制定文件化的程序，以便对质量记录进行标识、贮存、检索、防护、限期保存和处理。

需要指出的是，质量记录是为已完成的质量活动提供客观证据的文件，能够为有效地控制产品质量提供依据，同时提供了实施 ISO 9000 族标准质量体系要素的证据。例如对于焊接生产企业，焊接参数的控制和/或记录包括预热和层间温度的目的是对编制焊接工艺提供了有关参数范围的数据，这些参数是可控制和储存的，并在生产时对它进行核查是否在焊接工艺所制定的范围内；对焊接质量的保证，提供了可供参考的资料。

因此，质量记录，即质量程序文件的编制应考虑标准化、充分性、有效性、真实性和准确性。质量程序文件编写的一般规定见表 4-4。

表 4-4　质量程序编写的一般规定

序号	项目	规　　定
1	程序文件的内容	标题栏、目的、适用范围、术语、责任、实施过程和要求、记录、引用/相关文件
2	程序文件的标题栏	一般包含文件编号、文件名称、版本号、编制人、审核人、批准人、生效日期等。最好有修订栏，注明修订日期、修订人、审核人和批准人、替代版本等
3	程序文件的编写	最好由相关工作人员在现有文件、工作程序等基础上结合质量管理标准要求起草，然后组织有关部门审核，再由有关负责人签字批准后才正式实施。起草和审核阶段尽量吸纳相关人士的意见，文件批准后要及时宣贯，并随时检查落实情况，查看记录，不断改进
4	编写文件的要求	写你应做的、能做的，做你所写的。语言尽可能通俗易懂，简明扼要

4.1.1.3　ISO 3834 系列标准

ISO 3834 规定了金属材料熔化焊焊接方法的质量要求，ISO 3834 系列标准中，分别包括焊接工艺评定、焊接监督人员的任务和职责、焊接质量保证体系、焊接时切割用保护气体、焊接监督人员培训要求等涉及焊接质量保证的因素和生产环节内容。

特别要注意的是，ISO 3834 不是替代 ISO 9001：2008 质量管理体系，它是当 ISO 9001：2008 应用在焊接制造时十分有用的辅助体系，它也遵守 ISO 9000：2008 质量管理体系—基础及术语。通过了 ISO 9000 认证的焊接企业，应满足 ISO 3834-1 中的要素要求，具体情况可以依据 ISO 3834-2~5。

ISO 3834 标准所包含的这些质量要求可能适用于其他焊接方法。这些质量要求仅涉及产品质量中受熔化焊影响的这些方面，而且不受产品种类限制。ISO 3834 提供了一种方法，供制造商展示其制造特定质量产品的能力。

焊接企业想取得 ISO 3834 国际资质（其他如 DIN 18800、EN 15085 等），需要满足的条件很多，如人员方面，焊工必须具备 EN 287-1 或 ISO 9606-2 资质，焊接操作工必须具备 EN 1418 或 ISO 14732 资质，焊接监督人员必须具备国际焊接工程师等资质，焊接检验人员必须具备国际焊接质检人员资质，无损检测人员必须具备 EN 473 或 ISO 9712 资质等。

根据企业认证级别不同，所要求的焊接责任人员级别也不同。人员资质分为 4 个级别：

（1）工程师级别（国际焊接工程师、欧洲焊接工程师）；

（2）技术员级别（国际焊接技术员、欧洲焊接技术员）；

（3）技师级别（国际焊接技师、欧洲焊接技师）；

（4）工长级别（国际焊接技士）。

ISO 3834 标准制定考虑的因素主要有不受制造结构种类的限制；规定了车间及现场焊接的质量要求；为制造商生产满足要求的能力提供指南；提供了评价制造商焊接能力的基础。ISO 3834 规定制造商通过规范、产品标准和常规要求来展示其生产焊接结构符合规定要求的能力。制造商可以完整地采用 ISO 3834 标准所包含的这些要求，当所涉及的结构不适合时，也可有选择地筛选使用。ISO 3834 标准为焊接控制提供了重要性、柔性的框架，共提供了 4 种情况的规定：

（1）提供规范中的特殊要求，规范要求制造商具备符合 ISO 9001：2000 质量管理体系。

（2）提供规范中的特殊要求，规范要求制造商具备与 ISO 9001：2000 不同的质量管理体系。

（3）为制造商制定一个熔化焊的质量管理体系提供特殊指南。

（4）对熔化焊活动有控制要求的那些规范、规则或产品标准提供详细的要求，该系列标准中并于焊接质量要求相应等级的选择。

ISO 3834 系列标准由下列标准组成：

（1）ISO 3834-1：相应质量要求等级的选择准则；

（2）ISO 3834-2：完整质量要求；

（3）ISO 3834-3：一般质量要求；

（4）ISO 3834-4：基本质量要求；

（5）ISO 3834-5：确认符合 ISO 3834-2、ISO 3834-3 或 ISO 3834-4 质量要求所需的文件。

ISO 3834-1~5（2005）金属材料熔化焊的质量要求作为相应质量要求等级的选择指南，例如若满足 ISO 3834-2 也满足了 ISO 3834-3 和 ISO 3834-4。而选用级别应按照产品标准、规范、规则或合同选择相应部分，相应部分选择的准则对比，选择不同焊接质量要求的区别。

在实际生产中，应按照产品标准、规范、规则或合同，针对质量要求的等级，选择 ISO 3834 的相应部分 ISO 3834-2、ISO 3834-3、ISO 3834-4。因为 ISO 3834 可用于不同情况和不同场合，所以可能在每种环境条件下增加有关质量要求的确切规则。

制造商应在下列产品准则基础上，针对质量要求特定的不同等级，选择完整、一般或基本质量要求中的一种：

（1）安全临界产品的范围和重要性；

（2）制造的复杂性；

（3）制造产品的范围；

（4）所用不同材料的范围；

（5）可能产生冶金问题的范围；

（6）对生产操作带来影响的制造缺欠（如错边、变形或焊接缺欠）范围。

4.1.1.4　ISO 14731 标准

ISO 14731《焊接管理—任务与职责》标准是针对焊接管理人员的职责和任务进行阐述和规定的。ISO 14731/EN 719 标准规定了作为焊接管理人员应对焊接全过程及所有相关方面工作负责。如果焊接责任人员由多人承担时，则应明确每个人所分工负责的工作内容及责任。

焊接管理人员一般应具备国际焊接工程师、国际焊接技术员、国际焊接技师等相应资质。其工作规程应具有明确的职责和任务。焊接管理人员的一般要求是具有一般的技术知识与指派任务有关的特殊技术知识；而授权的焊接管理人员比焊接管理人员要求要高，除达到焊接管理人员的要求外，还要具有基本技术知识、综合技术知识、特殊技术知识。焊接管理人员负责的焊接相关活动见表 4-5。

表 4-5　必要时应考虑的焊接相关活动

序号	活　　动
1.1	合同评审 —制造组织的焊接能力及有关活动
1.2	设计评审 —有关焊接标准设计要求的接头部位焊接、检验及试验的可行性焊接接头细节焊缝的质量及合格要求
1.3	材料
1.3.1	母材 —母材的焊接性 —材料采购规程中包括材料证书种类在内的所有附加要求 —母材的标识、贮存及保管 —可追溯性
1.3.2	焊接材料 —匹配性 —供货条件 —材料采购规程中包括焊接材料证书种类在内的所有附加要求 —焊接材料的标识、贮存及保管
1.4	分承包 —所有分承包商的能力及资质
1.5	生产计划 —焊接工艺规程（WPS）及焊接工艺评定（WPQR/WPAR）的适用性 —工作指令 —焊接夹具及固定装置 —焊工认可的适用性及有效性 —结构的焊接及组装顺序 —产品焊接试验要求 —焊接检验要求 —环境条件 —健康与安全

序号	活　　动
1.6	设备 —焊接及相关设备的适用性
1.7	焊接操作
1.7.1	准备工作 —颁发工作指令 —接头制备、组装及清理 —产品焊接试验准备 —工作区域（包括环境在内）的适用性
1.7.2	焊接 —焊工的分派、指示 —设备及附件的使用或功能 —焊接材料及辅助材料 —定位焊接 —焊接工艺参数 —所有的中间试验 —预热及焊后热处理方法 —焊接顺序 —焊后处理
1.8	试验
1.8.1	外观检验 —焊接的完整性 —焊缝尺寸 —焊接结构的形状、尺寸及公差 —接头的外形
1.8.2	破坏性试验及无损检验 —破坏性试验及无损检验的应用 —特殊试验
1.9	焊缝验收 —试验及检验结果的评定 —焊缝返修 —修复焊缝的重新评定 —改进措施
1.10	文件 —必要记录的准备及管理（包括分承包活动在内）

4.1.2　生产制造资格认证

　　生产制造资格认证是针对不同行业类别生产制造产品的特殊性，根据相关行业标准的要求来对生产制造企业进行的认证，以便确认该企业是否具备生产制造该类产品的能力。目前，国内轨道车辆行业和钢结构行业，由于国际合作和竞争的需求，大范围地进行了 EN 15085 和 DIN 18800 两个标准的资格认证。

EN 15085 系列标准是欧洲轨道车辆及其部件焊接的标准，适用于在制造或维修轨道车辆及其部件过程中金属材料的焊接，分别是 EN 15085-1~5，共 5 个标准组成，具体见表 4-6。

表 4-6 EN 15085 系列标准

标准号	名　称	主要内容
EN 15085-1	轨道应用—轨道车辆及其部件的焊接—第 1 部分：总则	本系列欧洲标准强制使用的术语和总体要求
EN 15085-2	轨道应用—轨道车辆及其部件的焊接—第 2 部分：焊接企业的质量要求和资格认证	焊接企业资格认证、焊接企业质量要求、认证程序、有效性
EN 15085-3	轨道应用—轨道车辆及其部件的焊接—第 3 部分：设计要求	设计要求、缺欠质量等级、母材和焊接填充材料的选择
EN 15085-4	轨道应用—轨道车辆及其部件的焊接—第 4 部分：生产要求	焊前准备、焊接要求、轨道车辆焊接维修的特殊要求
EN 15085-5	轨道应用—轨道车辆及其部件的焊接—第 5 部分：检验、试验与文件	焊接接头的检验和测试、检测计划和检测标准、文件、不一致性和改正措施、分包商、一致性声明、可追溯性

ISO 3834-2《金属材料熔化焊的质量要求—第二部分：完整质量要求》，此标准可适用于所用熔化焊的生产企业；而 EN 15085-2 是针对轨道车辆及其部件的焊接企业资格认证，限制了生产领域，但是对于基本的质量体系还是建立在 ISO 3834 之上，但有了很多具体的要求，例如，焊接人员资质和数量的要求、无损检测人员的资质要求等。

EN 15085-2 标准对焊接企业的资格认证中，指出进行轨道车辆、部件及其组成部分焊接工作的企业，其质量要求在系列标准 ISO 3834 中作了规定。根据认证级别应满足 ISO 3834-2、ISO 3834-3 或者 ISO 3834-4 的要求。对于焊接企业的认证规定了 CL1、CL2、CL3、CL4 四个认证级别。

根据焊接企业的申请，认证机构对是否满足该欧洲标准的要求进行审核，需要详细检验以下内容：

（1）焊接人员（焊接责任人员、焊工、焊接操作工）。

（2）和焊接责任人员进行专业谈话，以便证明其具有 ISO 14731 和系列标准需要的焊接技术知识。

（3）依据 WPQR 所编写的焊接工艺规程。

（4）根据 EN 287-1 或者 ISO 9606-2 的焊工证书。

（5）根据 EN 1418 的操作工证书。

（6）根据 EN 15085-4 的工作试件。

（7）技术要求和焊接生产，如果在轨道车辆的维修和改造需要在其他工厂进行焊接工作，也需要对其焊接设备和生产进行验证。

（8）根据 ISO 3834 相关部分的焊接质量要求。

在通过审核后，认证机构在证书中证明焊接企业满足该标准的要求。证书的有效期最多为 3 年。

EN 15085-2 认证对焊接企业的焊工和焊接操作工的要求是：焊工和焊接操作工要求有欧洲 EN 287-1 或 EN ISO 9606-2 焊工资质和 EN 1418 焊接操作工资质，并且工作是在其所持焊工证书的有效范围之内进行。考试标准是 EN 287-1/ISO 9606-2 和 EN 1418。数量上要求每种方法至少有 2 名焊工，操作工每台设备上有 2 名焊工，并且还要满足实际生产需求。

DIN 18800 标准是德国钢结构设计制造的系列标准，具体如表 4-7 所示。

表 4-7　DIN 18800 系列标准

标准号	名　　称
DIN 18800-1	钢结构—第 1 部分：设计和结构
DIN 18800-2	钢结构—稳定性—第 2 部分：棒和棒杆系统的弯曲
DIN 18800-3	钢结构—稳定性—第 3 部分：板的翘曲
DIN 18800-4	钢结构—稳定性—第 4 部分：壳体的翘曲
DIN 18800-5	钢结构—第 5 部分：钢筋混凝土的测量—评价和解释
DIN 18800-7	钢结构—第 7 部分：生产实施和焊接企业资格认证

在德国及大多数欧洲国家，进行钢结构生产的企业（包括在车间或现场从事钢结构的焊接、焊接修复的企业），根据 DIN 18800-7 要求应取得相应的企业资格认证，否则该企业的产品将不受用户接受。根据企业产品所选用的材料结构形式和承载等情况，企业资格认证分为 A、B、C、D、E 五个级别。

DIN 18800-7 标准中规定，有资格作为焊接管理人员的有焊接工程师、焊接技术员和焊接技师，其资质要满足行业中的有关规定。检验监督人员要相应具备焊接质检技师、焊接质检技术员和焊接质检工程师资格。焊工和焊接操作工其资质要求分别为 ISO 9606/EN 287 和 ISO 14732/EN 1418。预备焊接工艺规程（pWPS）和焊接工艺规程（WPS）必须满足 ISO 15609-1/EN 288-2 的要求，预备焊接工艺规程的认可和评定方法见表 4-8。母材及焊材的材质证书必须至少满足 EN 10204 的要求。

表 4-8　预备焊接工艺规程的认可和评定方法

材　　料	焊接机械化程度	认可方法
强度级别 $R_e \leqslant 355\text{N}/\text{mm}^2$ 的轧制和铸钢材料	手工和半自动	ISO 15614-1/EN 288-3 ISO 15610-EN 288-5 ISO 15611/EN 288-6 ISO 15612/EN 288-7 ISO 15613/EN 288-8
	全机械和全自动	ISO 15614-1/EN 288-3 ISO 15613/EN 288-8
强度级别 $R_e > 355\text{N}/\text{mm}^2$ 的轧制和铸钢材料	所有	

企业一旦经认证机构验收取得相应级别的资格证书，就应在证书所标明的有效期工作范围内工作，证书有效期最多为 3 年，3 年后经复审可再延期 3 年，但每年要接受一次认证机构的年审。

4.1.3 产品（样品）认证

产品（样品）认证是针对企业所生产的具体产品（样品）进行认证，这方面的认证有 CE 认证、GS 认证等。

4.1.3.1 CE 认证

CE 标志是一种安全认证标志，被视为制造商打开并进入欧洲市场的护照。凡是贴有 CE 标志的产品就可在欧盟各成员国内销售，无须符合每个成员国的要求，从而实现了商品在欧盟成员国范围内的自由流通。

在欧盟市场 CE 标志属强制性认证标志，不论是欧盟内部企业生产的产品，还是其他国家生产的产品，要想在欧盟市场上自由流通，就必须加贴 CE 标志。有 CE 标志表明产品符合欧盟《技术协调与标准化新方法》指令的基本要求。这是欧盟法律对产品提出的一种强制性要求。

CE 是法语缩写，是欧洲共同体的意思，欧洲共同体后来演变成了欧洲联盟（简称欧盟）。CE 标志加贴的商品表示其符合安全、卫生、环保和消费者保护等一系列欧洲指令所要表达的要求。

CE 标志的意义在于：用 CE 缩略词为符号，表示加贴 CE 标志的产品符合有关欧洲指令规定的主要要求，并用以证实该产品已通过了相应的合格评定程序和/或制造商的合格声明，真正成为产品被允许进入欧共体市场销售的通行证。有关指令要求加贴 CE 标志的工业产品，没有 CE 标志的，不得上市销售，已加贴 CE 标志进入市场的产品，发现不符合安全要求的，要责令从市场收回，持续违反指令有关 CE 标志规定的，将被限制或禁止进入欧盟市场或被迫退出市场。依据符合模式的系统，多数的指令允许制造商及其代表选择一个或组合模式，以示符合指令要求。一般而言，有自我宣告、强制性验证、自愿性验证三种符合途径。

4.1.3.2 GS 认证

GS 标志是德国安全认证标志，是被欧洲广大顾客接受的安全标志。通常 GS 认证产品销售单价更高而且更加畅销。GS 的含义是德语 "Geprufte Sicherheit"（安全性已认证），也有 "Germany Safety"（德国安全）的意思。

GS 认证以德国产品安全法（SGS）为依据，是按照欧盟统一标准 EN 或德国工业标准 DIN 进行检测的一种自愿性认证，是欧洲市场公认的德国安全认证标志。

GS 标志表示该产品的使用安全性已经通过具有公信力的独立机构的测试。GS 标志是强有力的市场工具，能增强顾客的信心及购买欲望。虽然 GS 是德国标准，但欧洲绝大多数国家都认同，而且满足 GS 认证的同时，产品也会满足欧共体的 CE 标志的要求。和 CE 不一样，GS 标志并无法律强制要求，但由于安全意识已深入普通消费者，一个有 GS 标志的电器在市场可能会较一般产品有更强的竞争力。

4.2 焊工资质认证标准

焊工资质认证是企业争取国内、国际市场工业订单的必需条件，起着至关重要的作用，而且直接关系到企业焊接能力及产品质量，是企业产品焊接的重要技术条件和技术支撑，而由于不同行业，特别是国际生产所遵循的焊接标准以及焊工资质认证的不同，企业在进行焊工培训以及焊工资质认证工作中，会疲于应对和浪费大量人力、物力，造成资源的浪费。准确理解、掌握不同焊工资质认证标准的不同，准确地掌握焊工资质认证中的每一个细节，能够提高焊工技能评定效率，为奠定优秀的产品焊接质量提供最基础、最有利的支持和保障。

目前，常用焊工技能评定考试主要参照四种标准，即 ASME 标准第Ⅸ卷、SL 35—2011 标准、TSG Z6002—2010 标准、国际标准 ISO 9606-1 等，具体如表 4-9 所示。

表 4-9　常用焊工技能评定考试标准

标　　准	适用范围
锅炉和压力容器规范的美国 ASME 标准第Ⅸ卷《焊接和钎接评定标准》	主要适用于出口产品
国家水利部的 SL 35—2011《水工金属结构焊工考试规则》	主要适用于水利水电行业
国家质检总局的 TSG Z6002—2010《特种设备焊接操作人员考核细则》	主要适用于承压类设备和机电类设备
国际标准 ISO 9606-1《焊工考试—熔化焊》	适用于手工和半自动焊接的熔化焊焊工考试，如压力设备、钢结构、轨道车辆等

4.2.1　SL 35—2011 标准

4.2.1.1　焊工考试的性质

SL 35—2011 标准是政府的强制性行为，并由政府机关对焊工考试进行监督和发证。

4.2.1.2　理论知识与操作技能

SL 35—2011 标准要求理论知识考试内容应与焊工所从事焊接工作范围相适应，焊工要参加操作技能的考试必须通过理论知识的考核，SL 35—2011 标准理论考试合格有效期为 3 年。

4.2.1.3　焊接方法及其覆盖范围

SL 35—2011 标准中焊接方法是用数字表示的，与我国的标准 GB 5185—2005 一样，常用的焊接方法及代号见表 4-10。每项考试一般只认可一种焊接方法，变更焊接方法需要重新进行焊工操作技能考试。但 MAG 焊的实芯焊丝（焊接方法 135）改为药芯焊丝（焊接方法 136）或反过来，都不需要重新考试；此外，带填充金属的钨极惰性气体保护焊考试合格后，可以进行不带填充金属的焊接，反之则需要重新考试。

表 4-10　焊接方法代号（SL 35—2011）

焊　接　方　法	代　号
焊条电弧焊	111
单丝埋弧焊	121
药芯焊丝埋弧焊	125
熔化极惰性气体保护焊	131
熔化极活性气体保护焊	135

续表 4-10

焊 接 方 法	代 号
非惰性气体保护的药芯焊丝电弧焊	136
惰性气体保护的药芯焊丝电弧焊	137
钨极惰性气体保护电弧焊	141
氧乙炔焊	311

4.2.1.4 母材金属及填充材料

SL 35—2011 标准中包含的金属材料较少，它只认可钢材中的碳素钢、低合金钢、高强钢及不锈钢。SL 35—2011 标准根据母材金属的焊接特性将各种材质进行分组，除个别合金钢外，其他钢质类合金一般都是高组别覆盖低组别。

SL 35—2011 标准中将填充材料根据焊丝类型和焊条药皮类型划分，对于焊条来说，除了纤维素焊条（C），碱性焊条（B）适用于其他所有类型的焊条，而焊丝中的实芯焊丝（S）和药芯焊丝（M）可以相互适用。

4.2.1.5 焊缝种类及焊接位置比较

SL 35—2011 标准中焊接位置是用英文字母表示的，而且 SL 35—2011 标准中管和板的焊接位置都详细区分了向上焊和向下焊。

SL 35—2011 标准中焊缝适用的条件比较严格，其中与其他标准最大不同是 SL 35—2011 标准中只有管外径 $D>25\text{mm}$ 时，管子焊缝适用于板材焊缝，具体如下：

（1）板对接的焊缝适用于板角接焊缝、管角接焊缝；

（2）板对接焊缝在一定条件下适用于管对接焊缝；

（3）管对接焊缝适用于板角接焊缝、管角接焊缝；

（4）管对接焊缝在一定条件下适用于板对接焊缝；

（5）板角接焊缝在一定条件下适用于管角接焊缝；

（6）管角接焊缝在一定条件下适用于板角接焊缝。

4.2.1.6 试件厚度及覆盖范围

SL 35—2011 标准在板厚和管径方面与其他标准有很大差别，它在板厚方面做了更细的划分，并且在管径方面当 $D \leqslant 25\text{mm}$ 时，对它认可范围的最大值做了限制。

这四种标准对衬垫的要求基本相同，即不带衬垫的适用于带衬垫的。

4.2.1.7 检验

SL 35—2011 标准要求只能使用试件进行焊工技能评定。检测方法主要有外观检测、无损检测和破坏性试验检测，要求首先必须对每个试件进行外观检验，合格后再进行其他项目检验，检查项目见表 4-11。

表 4-11 检查项目

项　　目	对接焊缝	角焊缝
外观检验	强制要求	强制要求
射线检验	强制要求	—
弯曲检验	强制要求	—

项　目	对接焊缝	角焊缝
断裂检验	—	任选其一（强制要求）
金相检验	—	

对于对接焊缝的检验，SL 35—2011 标准中管子焊缝的射线检测可用弯曲试验代替外，其他所有的焊接方法都必须进行射线检测和弯曲试验。此外，SL 35—2011 标准中对于管子外径 $D \leqslant 25\text{mm}$ 的对接焊缝试件，可以用整个试件的缺口拉伸试验或折断试验来代替弯曲。

对于角接焊缝试件的检验项目，SL 35—2011 标准规定，当外观检验合格后，在断裂试验和宏观金相试验中只需做一个即可。

4.2.1.8　焊工证书有效期

SL 35—2011 标准中焊工证书认可有效期从焊接考试结果合格之日算起，3 年内有效；并且要求对焊工在最初的认可范围内持续工作，并且每 6 个月做一次确认。

4.2.2　TSG Z6002—2010 标准

4.2.2.1　焊工考试的性质

TSG Z6002—2010 标准是政府的强制性行为，并由政府机关对焊工考试进行监督和发证。

4.2.2.2　理论知识与操作技能

TSG Z6002—2010 标准中对焊接操作技能都具有强制性的要求，要求理论知识考试内容应与焊工所从事焊接工作范围相适应，焊工要参加操作技能的考试必须要通过理论知识的考核，TSG Z6002—2010 标准理论考试合格有效期为 1 年。

4.2.2.3　焊接方法及其覆盖范围

TSG Z6002—2010 标准中焊接方法是用英文缩写表示的，与 ASME 标准第Ⅸ卷一样，常用的焊接方法及代号见表 4-12。每项考试一般只认可一种焊接方法，变更焊接方法需要重新进行焊工操作技能考试。

表 4-12　焊接方法代号（TSG Z6002—2010）

焊　接　方　法	代　号
焊条电弧焊	SMAW
单丝埋弧焊	SAW
熔化极惰性气体保护焊	GMAW
非惰性气体保护的药芯焊丝电弧焊	FCAW
钨极惰性气体保护电弧焊	GTAW
氧乙炔焊	OFW

4.2.2.4　母材金属及填充材料

TSG Z6002—2010 标准中包含的金属材料有钢及钢合金、铜及铜合金、铝及铝合金、镍及镍合金、钛及钛合金这 5 种金属材质。TSG Z6002—2010 标准根据母材金属的焊接特性将各种材质进行分组，除个别合金钢外，其他钢质类合金一般都是高组别覆盖低组别。TSG Z6002—2010 标准中，除铜材外某一类别的材料经焊工操作技能考试合格后，焊接其他相同材质的材料时不需要重新考试。SG Z6002—2010 标准中根据板厚和材质的不同需要预热、后热以及控制线能量。

TSG Z6002—2010 标准中试件用的填充金属适用范围比较小，基本上需要对每种填充金属进行焊工考试。

4.2.2.5　焊缝种类及焊接位置

与其他标准不同的是，TSG Z6002—2010 标准中对管材的最小外径没有要求，而且，TSG Z6002—2010 标准中的管板角接头试件经焊接操作技能考试合格后，适用于角焊缝焊件，且母材厚度和管径不限。

TSG Z6002—2010 标准是用数字和英文字母的组合表示，TSG Z6002—2010 标准中只有管材对接焊缝试件区分立向上焊和立向下焊，其他焊缝试件都未区分。具体使用规定如下：

（1）板材的对接焊缝在一定条件下适用于管对接焊缝；

（2）板材的对接焊缝适用于板材的角接焊缝和管的角接焊缝；

（3）管材的对接焊缝适用于板材的对接焊缝、板材的角接焊缝和管材的角接焊缝；

（4）管材的角接焊缝适用于板材的角接焊缝；

（5）板材的角接焊缝在一定条件下适用于管材的角接焊缝。

4.2.2.6　试件厚度及覆盖范围

TSG Z6002—2010 标准在焊缝金属厚度和管径方面的规定中，在管径方面它们对管径的最小值做了限制，而对最大值没有限制，并且 TSG Z6002—2010 标准中还加注了管材向下焊试件的规定和气焊时板厚的认可范围。

此外，不带衬垫焊缝的适用于带衬垫的焊缝。但是对于气焊，TSG Z6002—2010 标准中认为带衬垫的施焊操作要求高，带衬垫的适用于不带衬垫的。

4.2.2.7　检验

TSG Z6002—2010 标准中要求只能使用试件进行焊工技能评定，试件的检测方法主要有外观检测、无损检测和破坏性试验检测。要求首先必须对每个试件进行外观检验，合格后再进行其他项目检验，检查项目见表 4-13。

表 4-13　检验项目（TSG Z6002—2010）

项　目	对接焊缝	角焊缝
外观检验	强制要求	强制要求
射线检验	强制要求	—
弯曲检验	强制要求	—
断裂检验	—	—
金相检验	—	强制要求

对于对接焊缝的检验，TSG Z6002—2010 标准比 ASME 标准第Ⅸ卷更为严格，所有的焊接方法都必须进行射线检测和弯曲试验。

对于角接焊缝试件的检验项目，TSG Z6002—2010 标准和 SL 35—2011 标准基本相同，当外观检验合格后，在断裂试验和宏观金相试验中只需做一个即可。另外，在力学性能试验中 TSG Z6002—2010 标准用侧弯代替横弯的母材厚度≥10 mm。

4.2.2.8   焊工证书有效期

TSG Z6002—2010 标准中焊工证书有效期为 4 年，且合格的焊工需要每 4 年复审一次，在第一次有效期满后要求在自己取得合格的项目范围内全部重新考试，在第二次及以后复审时，在合格的项目范围内进行抽考。

同样，不管有效期长短，都要求对焊工在最初的认可范围内持续工作，并且每 6 个月做一次确认。

4.2.3   ASME 标准第Ⅸ卷

4.2.3.1   焊工考试的性质

美国锅炉、压力容器和压力管道焊工或焊机操作工技能评定特点是没有考试机构，只需业主负责；也没有发证机关，只需要授权检验师认可；没有焊工合格证的有效期以及复审事宜。

ASME 标准第Ⅸ卷要求持有 ASME 认证证书的制造商或承包商（包括装配商和安装商）负责按评定的 WPS 对焊工和焊机操作工作技能评定，并由制造商或承包商对焊工和焊机操作工技能评定的记录进行签证和保存，并经授权检验师（AI）认可，它没有专门的考试机构也没有发证机关，只需每个制造商或承包商对所承包的焊接工程负责，即制造商或承包商负责对焊工和焊机操作工进行技能评定，并由制造商或承包商对技能评定记录、签证和保存，并经授权检验师认可，而且这个职责不能委托给别的组织。

4.2.3.2   理论知识与操作技能

对焊接操作技能具有强制性的要求，但与 SL 35—2011 标准和 TSG Z6002—2010 标准不同的是对理论知识的考核和理论知识考试成绩的有效期，ASME 考规中对理论知识没有强制要求。

4.2.3.3   焊接方法及其覆盖范围

ASME 标准第Ⅸ卷与 TSG Z6002—2010 标准一样，标准中的焊接方法是用英文缩写表示的，常用的焊接方法及代号见表4-14。各个标准中每项考试一般只认可一种焊接方法，变更焊接方法需要重新进行焊工操作技能考试。

表 4-14   焊接方法代号（ASME 标准第Ⅸ卷）

焊 接 方 法	代 号
焊条电弧焊	SMAW
单丝埋弧焊	SAW
熔化极惰性气体保护焊	GMAW
非惰性气体保护的药芯焊丝电弧焊	FCAW
钨极惰性气体保护电弧焊	GTAW
氧乙炔焊	OFW

4.2.3.4 母材金属及填充材料

ASME 标准第Ⅸ卷中除了包含钢及钢合金、铜及铜合金、铝及铝合金、镍及镍合金、钛及钛合金 5 种金属材质，还包含了锆及锆合金。ASME 标准第Ⅸ卷中，除了铜材外如果焊工通过了经工艺评定的某一材质的焊接，那么也就通过了使用同种焊接方法焊接这种材质范围内的其他经工艺评定的材料的焊接资格，即焊工考试的试板是钢材，只要填充材料符合 WPS，就可用碳钢或碳锰钢试板代替合金钢或不锈钢试板的考试。不像 SL 35—2011 标准和 TSG Z6002—2010 标准根据母材金属的焊接特性将各种材质进行分组，除个别合金钢外，其他钢质类合金一般都是高组别覆盖低组别（即通常说的"以高代低"）。

按照 ASME 第Ⅸ卷 QW420.1 合金系统指定分组表和 QW423.1 相结合，能够得出 ASME 标准第Ⅸ卷焊工焊接操作技能考试时，在钢质母材（或铜镍合金或镍质母材）中任选一种金属材料，经考试合格后，当产品母材变更为任一钢质、铜镍合金质或镍质时，不需要重新进行考试。即除铜材外，焊工焊接操作技能考试在各自范围内与母材品种没有关系。铝质母材、钛与锆质母材焊工焊接操作技能考试规定同钢材。此外，ASME 标准第Ⅸ卷中焊工考试用的试板不需要预热和焊后热处理。

除铜材外某一类别的材料经焊工操作技能考试合格后，焊接其他相同材质的材料时不需要重新考试。具体来讲，在 ASME 标准第Ⅸ卷中焊工技能评定用的填充材料除 F-No. 5 外，F-No. 1～F-No. 4 四个分组通过较高组别号的焊工考试后，较低组别号的填充材料不需要考试。对 F-No. 6 分组及以上的填充材料来说，任意一种材质的填充材料经焊工考试合格后，该材质中其他分组的填充材料不需要重新考试，但是对于铜质填充材料来说，某一分组的填充材料经焊工考试合格后，只适用于该分组的所有填充材料。

综合来看，对于钢质、铝质、镍质、钛质、锆质填充材料来说，任一种填充材料焊接试件，经焊接操作技能考试合格后，适用于该材质中所有类别的填充材料；对于铜质填充材料来说，任一种填充材料焊接试件经焊接操作技能考试合格后，只适用于该类别的所有填充材料。

以钢质填充材料为例，从表面上看将钢质填充材料，不分焊条、实芯焊丝、药芯焊丝，不分气焊、埋弧焊、气体保护焊、电渣焊、气电焊用焊丝、可熔化嵌条，也不分碳钢、低合金钢和不锈钢全都归为钢材填充材料类，实际上填充材料与焊接方法、焊接方法的机动化程度以及母材类别有十分密切关系，进行焊接操作技能评定时肯定要划分清楚。

4.2.3.5 焊缝种类及焊接位置

ASME 标准第Ⅸ卷没有 SL 35—2011 标准中焊缝适用的条件严格，ASME 标准第Ⅸ卷中，焊接位置是用数字和英文字母的组合表示。管和板的焊接位置未详细地区分向上焊和向下焊。

ASME 标准第Ⅸ卷中对管材的最小外径没有要求。板材焊缝和管材焊缝的相互适用范围，具体如下：

（1）板材对接焊缝适用于板材角接焊缝和管材角接焊缝；

（2）板材对接焊缝在一定条件下适合管材对接焊缝；

（3）管材对接焊缝适用于板材对接焊缝、适用于板材角接焊缝和管材角接焊缝；

（4）板材角接焊缝在一定条件下适合管材角接焊缝；

（5）管材角接焊缝适用于板材角接焊缝。

4.2.3.6　试件厚度及覆盖范围

焊工焊接操作技能考试就是要求焊工施焊出合格的焊缝，试件上焊缝金属的厚度表明了焊工在具体焊接条件下，掌握熔敷焊缝金属的能力。如果在试件上反复三次都能熔敷出合格的焊缝金属，说明焊工已经掌握了焊接要领，具备上产品施焊条件。

在焊缝金属厚度和管径方面的规定中，ASME 标准第Ⅸ卷在管径方面对管径的最小值做了限制，而对最大值没有限制，且没有管材向下焊试件的规定和气焊时板厚的认可范围。

在 ASME 标准第Ⅸ卷 QW452 中规定了试件金属的厚度以及覆盖的范围，如表 4-15 所示。

表 4-15　试件金属的厚度以及覆盖的范围

焊缝形式	试件母材厚度 t/mm	适用于焊件焊缝金属厚度/mm
对接焊缝	<13	$2t$
	≥13，且至少焊接三层	不限

另外在 QW452.5 中还规定了 T 型角焊缝的试件厚度，覆盖的范围以及需要做的实验项目。QW452.6 以坡口焊缝评定了角焊缝，任何类型的坡口和厚度的焊缝评定完成以后可以覆盖母材所有厚度和直径的角焊缝尺寸。

不带衬垫的焊缝适用于带衬垫的焊缝。但是针对气焊，ASME 标准第Ⅸ卷中规定带衬垫的施焊操作要求高，带衬垫的适用于不带衬垫的。

此外，当其他条件相同时，掌握了较小外径管材试件焊接操作技能时，焊接较大直径焊件就容易得多。QW452.3 坡口焊缝的直径范围规定如表 4-16 所示。

表 4-16　管材试件直径的适用范围

管材试件外径/mm	适用于管材焊件外径范围	
	最小值	最大值
D<25	所焊试件尺寸/mm	不限
25≤D≤73	25	不限
D≥73	73	不限

4.2.3.7　检验

ASME 标准第Ⅸ卷中焊工技能评定既可以在试件上取样进行技能评定，也可以对产品焊缝射线检测进行技能评定。焊工考试试件的检测方法主要有外观检测、无损检测和破坏性试验检测。除了 ASME 标准第Ⅸ卷中的角焊缝，都要求首先必须对每个试件进行外观检验，合格后再进行其他项目检验，检查项目规定见表 4-17。

表 4-17　检验项目（ASME 标准第Ⅸ卷）

项　　目	对接焊缝	角焊缝
外观检验	强制要求	—
射线检验	非强制要求	—
弯曲检验	强制要求	—

续表 4-17

项　目	对接焊缝	角焊缝
断裂检验	—	强制要求
金相检验	—	强制要求

对于对接焊缝的检验，与国内的两个典型焊工考试标准相比，ASME 标准第Ⅸ卷的规定并不严格，ASME 标准第Ⅸ卷中，对于采用指定焊接方法和电弧过渡形式进行焊接母材为钢制、铜质、镍质的金属材料坡口对接焊缝试件或者用钨极气体保护焊焊接母材为铝质、钛质金属材料时，可以用射线检测替代力学性能试验（即弯曲试验），射线检验试件的最小检验长度应为 150mm。

对于角接焊缝试件的检验项目，ASME 标准第Ⅸ卷中对角焊缝试件的检验不要求外观检验，但是必须进行断裂检验和宏观金相检验。

在力学性能试验中，ASME 标准第Ⅸ卷规定用侧弯代替横弯的母材厚度≥10mm。

4.2.3.8　焊工证书有效期

ASME 标准第Ⅸ卷中没有规定焊工资格书的有效期，但是规定了焊工操作的连续性，并且要求对焊工在最初的认可范围内持续工作，并且每 6 个月做一次确认。此外 ASME 标准第Ⅸ卷中还明确规定当有特殊理由怀疑某名焊工不能胜任焊接符合标准要求的焊缝时，则可以取消他正在从事该规范的焊接资格。

4.2.4　ISO 9606 标准

ISO 9606 标准中，涉及焊工考试的相关标准如表 4-18 所示。由于篇幅所限，本节以 ISO 9606-1 标准为重点展开介绍。

表 4-18　焊工考试涉及的标准

标准号	名　　称
ISO 9606-1	熔化焊焊工考试—钢材
ISO 9606-2	熔化焊焊工考试—铝及铝合金
ISO 9606-3	熔化焊焊工考试—铜及铜合金
ISO 9606-4	熔化焊焊工考试—镍及镍合金
ISO 9606-5	熔化焊焊工考试—钛及钛合金
ISO 4063	金属焊接、硬钎焊、软钎焊和（坡口）钎焊；方法名称及数字表示
ISO 15608	钢材/铝材的分类组别
EN 25817（ISO 5817）	钢电弧焊焊接接头熔焊缺陷评定级别
EN 30042（ISO 10042）	铝电弧焊焊接接头接熔焊缺陷评定级别

在 ISO 系列标准中，钢焊工资质考试标准 EN 287-1 于 2015 年被国际焊工考试标准 ISO 9606-1 所取代。ISO 9606-1 适用于手工和半自动焊接的熔化焊焊工考试，如压力设备、钢结构、轨道车辆等。欧洲各个国家已将此标准转化为各自的国家标准，例如在德国，该标准为 DIN EN ISO 9606-1：2013-12；在英国则为 BSEN ISO 9606-1。新的 ISO 9606-1 与

EN 287-1 在适用范围、引用标准、术语与定义、规定的符号与缩略语等内容上基本一致。

4.2.4.1 焊接方法

每项考试一般只认可一种焊接方法。改变焊接方法需要进行新的考试。但将实芯焊丝改为金属粉末芯焊丝（或反之）不要求新的考试，即 135 变为 136（或反之）。允许焊工使用多种工艺焊接一个试件取得两种或更多种焊接方法的认可。

ISO 9606-1 标准引入熔滴过渡形式覆盖范围的概念，规定对于焊接方法如熔化极惰性气体保护焊（131），熔化极活性气体保护焊（135）和金属芯焊丝活性气体保护焊（138）使用实芯或金属芯焊丝短路过渡形式可以覆盖采用脉冲、喷射或颗粒过渡的形式，反之则不行。焊接方法代号见表 4-19。

表 4-19 焊接方法代号（ISO 4063）

焊接方法	代　号
焊条电弧焊	111
熔化极惰性气体保护焊（MIG）	131
钨极惰性气体保护焊（TIG）	141
等离子弧焊	15
药芯丝极埋弧焊（半机械化，即手持式）	125
金属丝极 MAG 焊	138
使用还原气体和实芯填充材料的 TIG 焊	145
实芯丝极埋弧焊（半机械化，即手持式）	121
药芯焊丝 MAG 焊	136
使用药芯填充材料的 TIG 焊	143
自保护药芯焊丝电弧焊	114
熔化极活性气体保护焊（MAG）	135
无填充金属的 TIG 焊	142
氧乙炔焊	311

4.2.4.2 焊工考试中母材的组别

焊工考试中的母材按 ISO 15608 的分类组别进行选择和认可范围（涵盖范围）的确定，母材分类组别见表 4-20。

表 4-20 钢材的分类组别（ISO 15608）

类别	组别	钢种及成分	典 型 钢 种
1		屈服极限 $R_{eH} \leq 460 N/mm^2$；$w(C) \leq 0.25\%$；$w(Si) \leq 0.60\%$；$w(Mn) \leq 1.8\%$；$w(Mo) \leq 0.70\%$[①]；$w(S) \leq 0.045\%$；$w(P) \leq 0.045\%$；$w(Cu) \leq 0.40\%$[①]；$w(Ni) \leq 0.5\%$[①]；$w(Cr) \leq 0.3\%$（0.4 铸钢）[①]；$w(Nb) \leq 0.06\%$；$w(V) \leq 0.1\%$[①]；$w(Ti) \leq 0.05\%$	
	1.1	屈服极限 $R_{eH} \leq 275 N/mm^2$	S185、S235JR、S235JO、S235J2；S275、S275JR、S275JO、S275J2；S275N、S275NL（国标 Q295、12Mn）

续表4-20

类别	组别	钢种及成分	典型钢种
1	1.2	屈服极限 275N/mm² < R_{eH} ≤360N/mm²	S355、S355JR、S355JO、S355J2、S355K2、S355N、S355NL（国标 Q345、16Mn）
	1.3	屈服极限 R_{eH}>360N/mm² 的细晶粒正火钢	S420N、S420NL、S460N、S460NL（Q420）
	1.4	改进型耐候钢（某一种元素可能超过类组 1 的规定值）	S355JOWP、S355J2WP
2		屈服极限 R_{eH}>360N/mm² 的热控轧处理的细晶粒钢和铸钢	
	2.1②	屈服极限 360N/mm² < R_{eH} ≤460N/mm²	S420M、S420ML；S460M、S460ML；GS-20Mn5
	2.2	屈服极限 R_{eH}>460N/mm²	S500M
3		屈服极限 R_{eH}> 360N/mm²的调质钢和沉淀硬化钢	
	3.1	屈服极限 360N/mm² < R_{eH} ≤690N/mm² 的调质钢	S460Q、S460QL、S690Q、S690QL、S690QL1
	3.2	屈服极限 R_{eh}>690N/mm² 的调质钢	S890Q、S890QL、S890QL1；S960Q、S960QL
4		$w(Mo)$≤0.7%且 $w(V)$≤0.1% 的低钒 Cr-Mo-(Ni) 钢	
	4.1	$w(Cr)$≤0.3% 且 $w(Ni)$≤0.7% 的钢	16Mo3、18MnMo4-5、20MnMoNi4-5
	4.2	$w(Cr)$≤0.7% 且 $w(Ni)$≤1.5% 的钢	15NiCuMoNb5-6-4
5		$w(Cr)$≤0.35%的无钒 Cr-Mo 钢③	
	5.1	0.75%≤$w(Cr)$≤1.5% 且 $w(Mo)$≤0.7%的钢	13CrMo4-5（国标 15CrMo；美国 T12、P12）
	5.2	0.5%<$w(Cr)$≤3.5% 且 0.7%<$w(Mo)$≤1.2%	10CrMo910（国标 2-1/4Cr1Mo；美国 T22、P22）
	5.3	3.5%<$w(Cr)$≤7.0% 且 0.4%<$w(Mo)$≤0.7%	X12CrMo5；美国 T5
6		高钒 Cr-Mo-(Ni) 合金钢	
	6.1	0.3% ≤$w(Cr)$≤0.75%，$w(Mo)$≤0.7%，$w(V)$≤0.35%	
	6.2	0.75%<$w(Cr)$≤3.5%，0.7%<$w(Mo)$≤1.2%，$w(V)$≤0.35%	13CrMoV9-10（国标 12Cr3MoVSiTiB）
	6.3	3.5%<$w(Cr)$≤7.0%，$w(Mo)$≤0.7%，0.45%≤$w(V)$≤0.55%	国标 10Cr5MoWVTiB（G106）
	6.4	7.0 %<$w(Cr)$≤12.5%，0.7%<$w(Mo)$≤1.2%，$w(V)$≤0.35%	X10CrMoVNb9-1（国标 1Cr9Mo1VNb；美国 T91、P91）

续表 4-20

类别	组别	钢种及成分	典 型 钢 种
7	\multicolumn{2}{} $w(C) \leqslant 0.35\%$，$10.5\% \leqslant w(Cr) \leqslant 30\%$ 的铁素体钢、马氏体钢或沉淀硬化不锈钢	
	7.1	铁素体不锈钢	X2CrNi12；X2CrTi12；X6CrNiTi12；X6Cr13；X6CrAl13；X2CrTi17；X6Cr17；X3CrTi17；国标：1Cr17；00Cr17；0Cr17Ti；
	7.2	马氏体不锈钢	X12Cr13；X20Cr13；X30Cr13；X29Cr13 国标：0Cr13；1Cr13；2Cr13；3Cr13；
8	\multicolumn{2}{} $w(Ni) \leqslant 31\%$ 的奥氏体不锈钢	
	8.1	$w(Cr) \leqslant 19\%$	X10CrNi18-8；X2CrNi18-9；X5CrNi18-10；X5CrNiMo17-12-3 国标：0Cr19Ni9(TP304H)；1Cr18Ni9(Ti)；0Cr18Ni11Ti(TP321H)；0Cr18Ni11Nb(TP347H)
	8.2	$w(Cr) > 19\%$	X1CrNi25-21；X1CrNiMoN25-22-2 国标：0Cr25Ni20；0Cr23Ni13
	8.3	$4.0\% < w(Mn) \leqslant 12\%$的含锰	X12CrMnNiN17-7-5；X2CrMnNiN17-7-5；X12CrMnNiN18-9-5
9	\multicolumn{2}{} $w(Ni) \leqslant 10\%$ 的镍合金钢	
	9.1	$w(Ni) \leqslant 3.0\%$	11MnNi5-3；13MnNi6-3
	9.2	$3.0\% < w(Ni) \leqslant 8.0\%$	12Ni14；X12Ni5
	9.3	$8.0\% < w(Ni) \leqslant 10\%$	X8Ni9；X7Ni9
10	\multicolumn{2}{} 奥氏体-铁素体双相不锈钢	
	10.1	$w(Cr) \leqslant 24\%$	X2CrNiMoN22-5-3；X2CrNiN23-4 国标：0Cr18Ni5Mo3Si2
	10.2	$w(Cr) > 24\%$	X3CrNiMoN27-5-2；X2CrNiMoCuN25-6-3；X2CrNiMoN25-7-4；X2CrNiMoCuWN25-7-4 国标：0Cr26Ni5Mo2
11	\multicolumn{2}{} $0.25\% < w(C) \leqslant 0.85\%$，其余成分与 1 类钢[③]相同的钢	
	11.1	$0.25\% < w(C) \leqslant 0.35\%$，其余成分与 1 类钢相同的钢	C35（国内 35 号）
	11.2	$0.35\% < w(C) \leqslant 0.5\%$，其余成分与 1 类钢相同的钢	C40；C45（国内 45 号）
	11.3	$0.25\% < w(C) \leqslant 0.35\%$，其余成分与 1 类钢相同的钢	C55；C60（国内 65 号）

类别	组别	钢种及成分	典 型 钢 种
21		杂质含量≤1%的纯铝合金	
21			(1) EN AW-Al99.98 或 EN AW-1098; (2) EN AW-Al99.90 或 EN AW-1090; (3) EN AW-Al99.98(A) 或 EN AW-1198; (4) EN AW-Al99 或 EN AW-1200; (5) EN AW-Al99.5Ti 或 EN AW-1450; (6) EN AW-Al99.0Cu 或 EN AW-1100
22		非热处理强化铝合金	
22	22.1	铝锰合金	(1) EN AW-AlMn1 或 EN AW-3103; (2) EN AW-AlMn1Mg1 或 EN AW-3004
22	22.2	$w(Mg) \leqslant 1.5\%$ 的铝镁合金	EN AW-AlMg1(B) 或 EN AW-5005
22	22.3	$1.5\% < w(Mg) \leqslant 3.5\%$ 的铝镁合金	(1) EN AW-AlMg2.5 或 EN AW-5052; (2) EN AW-AlMg2Mn0.8 或 EN AW-5049
22	22.4	$w(Mg) > 3.5\%$ 的铝镁合金	(1) EN AW-AlMg4.5Mn0.7 或 EN AW-5083; (2) EN AW-AlMg5Cr(A) 或 EN AW-5356(A)
23		可热处理强化铝合金	
23	23.1	Al-Mg-Si 合金	(1) EN AW-AlSiMg(A) 或 EN AW-6005A; (2) EN AW-AlSi1MgMn 或 EN AW-6082A; (3) EN AW-AlMg0.7Si 或 EN AW-6063
23	23.2	Al-Zn-Mg 合金	(1) EN AW-AlZn4.5Mg1 或 EN AW-7020; (2) EN AW-AlZn5Mg3Cu 或 EN AW-7022; (3) EN AW-AlZn4Mg3 或 EN AW-7039
24		$w(Cu) \leqslant 1\%$ 的 Al-Si 合金	
24	24.1	不可热处理强化铸造的 Al-Si 合金 $w(Cu) \leqslant 1\%$, $5\% < w(Si) \leqslant 15\%$	EN AC-AlSi12 或 EN AC-44200
24	24.2	可热处理强化铸造的 Al-Si-Mg 合金 $w(Cu) \leqslant 1\%$, $5\% < w(Si) \leqslant$ 15%, $0.1\% < w(Mg) < 0.8\%$	(1) EN AC-AlSi7Mg 或 EN AC-42000; (2) EN AC-AlSi9Mg 或 EN AC-43300; (3) EN AC-AlSi10Mg 或 EN AC-43400
25		$5\% < w(Si) \leqslant 14\%$, $1\% < w(Cu) \leqslant$ 5%, $w(Mg) \leqslant 0.8\%$ Al-Si-Mg 合金	EN AW-AlSi12.5MgCuNi 或 ENAW-4032
26		不可热处理强化的 $2\% < w(Cu) \leqslant 6\%$ Al-Cu 铸造合金	EN AC-AlCu4Ti 或 EN AC-21100

注：以实物分析为准，2 类钢可以考虑作为 1 类钢；21、22、23 一般为锻材，24、25、26 为铸造材料。

① 当 $w(Cr+Mo+Ni+Cu+V) \leqslant 1\%$ 时，更高的值也可接受。

② 按照钢的产品标准，R_{eH} 可用 $R_{p0.2}$ 或 $R_{t0.5}$ 代替。

③ 当 $w(Cr+Mo+Ni+Cu+V) \leqslant 0.75\%$ 时，更高的值也可接受。

焊工考试中，钢材组别认可（涵盖）范围如表 4-21 所示，铝材组别认可范围见表 4-22。

表 4-21　钢材组别认可范围

试件的材料类组		认可范围									9		10	11
		1.1、1.2、1.4	1.3	2	3	4	5	6	7	8	9.1	9.2+9.3	10	11
1.1、1.2、1.4		×	—	—	—	—	—	—	—	—	—	—	—	—
1.3		×	×	×	×	—	—	—	—	—	×	—	—	×
2		×	×	×	×	—	—	—	—	—	×	—	—	×
3		×	×	×	×	—	—	—	—	—	×	—	—	×
4		×	×	×	×	×	×	×	×	—	×	—	—	×
5		×	×	×	×	×	×	×	×	—	×	—	—	×
6		×	×	×	×	×	×	×	×	—	×	—	—	×
7		×	×	×	×	×	×	×	×	—	×	—	—	×
8		—	—	—	—	—	—	—	—	×	—	×	—	×
9	9.1	×	×	×	×	—	—	—	—	—	×	—	—	×
	9.2+9.3	×	—	—	—	—	—	—	—	—	—	×	—	×
10		—	—	—	—	—	—	—	—	×	—	×	×	×
11		×	—	—	—	—	—	—	—	—	—	—	—	×

注：×表示焊工获得认可的钢材；—表示焊工未获得认可的钢材。

表 4-22　铝材组别的认可范围

试件的材料类组	认可范围					
	21	22	23	24	25	26
21	×	×	—	—	—	—
22	×	×	—	—	—	—
23	×	×	×	—	—	—
24	—	—	—	×	×	—
25	—	—	—	×	×	—
26	—	—	—	×	×	×

注：×表示焊工获得认可的铝材；—表示焊工未获得认可的铝材。

4.2.4.3　填充材料的组别与类型

在 ISO 9606-1 中，主要参数为焊接方法、产品类型、焊缝种类、填充材料组别、填充材料类型、尺寸、焊接位置和焊缝细节，其中填充材料分为 6 组：FM1~FM6。ISO 9606-1 中填充材料范围替代了 EN 287-1 的母材范围。焊工考试针对的主要是焊工对技能掌握的熟练程度，而填充材料直接影响到焊接过程的进行，所以用填充材料取代母材组别认可范围是更加合理科学的，还可以在一定程度上减少焊工考试的项目数量。ISO 9606-1 填充材料组别和填充材料适用范围分别如表 4-23 和表 4-24 所示。

　　需要特别指出的是带填充材料的焊接认可不带填充材料的焊接，反之则不行；用 Al-Mg 焊接材料的认可适合于 Al-Si 合金的焊接，反之则不行；对 131 焊接方法，当保护气体中 He 气的含量大于 50%时，要求重新考试。

　　针对药皮焊条的认可范围与填充材料类型的认可范围分别见表 4-25 和表 4-26。

表 4-23　填充材料组别

组别	用于焊接金属的填充材料	相 关 标 准
FM1	非合金和细晶粒钢	ISO 2560、ISO 14341、ISO 636、ISO 14171、ISO 17632
FM2	高强度钢	ISO 18275、ISO 16834、ISO 26304、ISO 18276
FM3	抗蠕变钢 $w(Cr)<3.75\%$	ISO 3580、ISO 21952、ISO 24598、ISO 17634
FM4	抗蠕变钢 $3.75\%<w(Cr)<12\%$	ISO 3580、ISO 21952、ISO 24598、ISO 17634
FM5	不锈钢和耐热钢	ISO 3581、ISO 14343、ISO 17633
FM6	镍和镍合金	ISO 14172、ISO 18274

表 4-24　填充材料的适用范围

填充材料	认 可 范 围					
	FM1	FM2	FM3	FM4	FM5	FM6
FM1	×	×	—	—	—	—
FM2	×	×	—	—	—	—
FM3	×	×	×	—	—	—
FM4	×	×	×	×	—	—
FM5	—	—	—	—	×	—
FM6	—	—	—	—	×	×

注：×表示焊工获得认可的填充材料；—表示焊工未获得认可的填充材料。

表 4-25　焊条药皮种类的适用范围

焊条药皮类型	适 用 范 围				
	A、RA	R、RB、RC、RR	B	C	S
A、RA	×	—	—	—	—
R、RB、RC、RR	×	×	—	—	—
B	×	×	×	—	—
C	—	—	—	×	—
S	—	—	—	—	×

注：×表示焊工获得认可的填充材料；—表示焊工未获得认可的填充材料。

表 4-26　填充材料类型的认可范围

焊接方法	考试所使用的焊接材料	认可范围			
		实芯焊（S）	药芯焊（M）	药芯焊（B）	药芯焊（R、P、V、W、Y、Z）
131 135	实芯焊丝（S）	×	×	—	—
136 141	药芯焊丝（M）	×	×	—	—
136	实芯焊丝（S）	—	—	×	×
114 136	药芯焊丝（M）	—	—	—	×

注：1. ×表示焊工获得认可的填充材料；—表示焊工未获得认可的填充材料。

　　2. B—碱性药皮或药芯；R—金红石型药皮或药芯，慢凝固型渣；P—金红石型药皮或药芯，快凝固型渣；V—药芯（金红石型或碱性/氟化物）；W—药芯（碱性/氟化物，慢凝固型渣）；Y—药芯（碱性/氟化物，快凝固型渣）；Z—其他型药芯。

4.2.4.4　焊工考试试件覆盖替代范围

在 ISO 9606-1 标准中，对于对接焊缝来说，焊工考试不再以母材的板厚 t 作为考试要求，而是以焊缝熔敷金属厚度 s 取代了 EN 287-1 中的板厚 t 的概念。在 ISO 9606-1 中，无论采用多大板厚的母材，考虑熔敷金属的厚度即可。

对于角接焊缝，ISO 9606-1 与 EN 287-1 并无区别，认可范围仍然以母材的厚度作为资质证书覆盖范围的依据之一。稍有变化的是 ISO 9606-1 中规定试件材料厚度 $t<3$mm 时的覆盖厚度为 $t\sim2t$ 或 3mm（取较大者）。

钢材对接焊接试件的母材厚度及认可范围见表 4-27，铝材对接焊接试件的母材厚度认可范围见表 4-28，钢材及铝材焊接试件的直径及认可范围见表 4-29，钢材及铝材角焊缝试件厚度及认可范围见表 4-30。

表 4-27　钢材对接焊接试件的熔敷厚度及认可范围　　　　　　（mm）

试件的母材厚度 t	认可范围
$t\leq3$	$t\sim2t$[①]
$3<t\leq12$	$3\sim2t$[②]
$t>12$	≥5

①对氧乙炔焊（311）：$t\sim1.5t$。

②对氧乙炔焊（311）：$3\sim1.5t$。

表 4-28　钢材对接焊接试件的母材厚度及认可范围　　　　　　（mm）

板厚或管壁厚 t	
试件的材料厚度	认可范围
$t\leq6$	$0.5t\sim2t$
$t>6$	≥6

表 4-29　钢材及铝材焊接试件的直径及认可范围[1]　　　　　（mm）

试件的外径 D	认可范围
D≤25	D~2D
D>25	≥0.5D（最小 25mm）

①对于中空结构而言，D 为较小边的尺寸。

表 4-30　钢材及铝材角焊缝试件厚度及认可范围　　　　　（mm）

试件的材料厚度 t	认可范围
t<3	t~3
t≥3	≥3

4.2.4.5　试件类型与焊接位置

在试件类型上，规定考试应在板材或管材上进行，并且对于外径 D>25mm 管上的焊缝，覆盖板材上的焊缝。特别是 ISO 9606-1 标准规定板材上的焊缝覆盖外径≥75mm 的旋转管 PA、PB、PC 和 PD 的焊接位置上的焊缝。

在焊缝种类上，规定了对接不能覆盖角接。但是 ISO 9606-1 允许通过使用一个组合对接接头试板，例如带永久垫板的 HV 接头（板厚最小 10mm），补焊一个角焊缝，来认定角焊缝资质。在 ISO 9606-1 标准中，平板对接焊缝的试板尺寸至少为 200mm×125mm。

从焊接位置的覆盖来看，ISO 9606-1 中对接和角接是分开表述的，且 ISO 9606-1 取消了 EN 287-1 中 PE、PD 位置对 PF 位置的覆盖。此外，ISO 9606-1 中还增加了 PH、PJ 两种管子焊接位置的定义。焊接位置的认可范围见表 4-31。具体规定如下所示：

（1）管材上的焊缝（外径 D>25mm）适合于板材上的焊缝。

（2）板材上的焊缝在下列条件下适合于管材上的焊缝：管材外径 D≥150mm 条件下，焊接位置 PA、PB 和 PC；管材外径 D≥500mm 条件下所有其他焊接位置。

（3）管子上的 J-L045 和 H-L045 焊接位置认可了生产工件上所有管子焊接的角度。

（4）焊接两个直径相同的管子（一个 PF 位置，一个 PC 位置），也包括了在 H-L045 位置上焊接的管子的认可范围。

（5）焊接两个直径相同的管子（一个 PG 位置，一个 PC 位置），也包括了在 J-L045 位置上焊接的管子的认可范围。

（6）直径 D≥150mm 的管子可以只用一个试件在两个焊接位置（PF 或 2/3 周长的 PG、1/3 周长的 PC）上焊接。

表 4-31　焊接位置的认可范围

考试位置	认可范围[1]										
	PA	PB	PC	PD	PE	PF（板）	PF（管）	PG（板）	PG（管）	H-L045	J-L045
PA	×	×	—	—	—	—	—	—	—	—	—
PB[1]	×	×	—	—	—	—	—	—	—	—	—
PC	×	×	×	—	—	—	—	—	—	—	—
PD[1]	×	×	×	×	×	×	—	—	—	—	—

续表 4-31

考试位置	认可范围①										
	PA	PB	PC	PD	PE	PF（板）	PF（管）	PG（板）	PG（管）	H-L045	J-L045
PE	×	×	×	×	×	×	—	—	—	—	—
PF 板	×	×	—	—	—	×	—	—	—	—	—
PF 管	×	×	—	×	×	×	×	—	—	—	—
PG 板	—	—	—	—	—	—	—	×	—	—	—
PG 管	×	×	—	×	×	—	—	×	×	—	—
HL045	×	×	×	×	×	×	×	—	—	×	—
J-L045	×	×	×	×	×	—	×	×	×	—	×

注：×表示焊工得到认可的焊接位置；—表示焊工未得到认可的焊接位置。

①PB 和 PD 的考试位置适用于角焊缝，而且仅可以认可其他位置上的角焊缝。

4.2.4.6　焊工考试标记与含义

焊工考试试件的相关代号见表 4-32。焊工考试的标记意义如表 4-33 和表 4-34 所示。

表 4-32　焊工考试相关代号

符号	代表意义	符号	代表意义
P	板	A	酸性药皮
T	管	B	碱性药皮或药芯
BW	对接焊缝	C	纤维素型药皮
FW	角焊缝	RB	金红石碱性药皮
t	试件厚度（板或管壁厚）	RC	金红石纤维素型药皮
D	管外径	RR	金红石型厚药皮
a	角焊缝的焊缝计算厚度	R	金红石型药皮或药芯慢凝固型渣
ss	单面焊	RA	金红石酸性药皮
bs	多面焊	S	实芯焊丝/填充丝
lw	左焊法	nm	无填充金属
rw	右焊法	M	药芯/金属粉末
mb	带衬垫焊接	P	药芯/金红石快凝固型渣
nb	无衬垫焊接	V	药芯—金红石或碱性/氟化物
gg	背面清根或打磨	W	药芯—碱性/氟化物，慢凝固型渣
ng	背面不清根或不打磨	Y	药芯—碱性/氟化物，快凝固型渣
sl	单层焊	Z	药芯—其他型
ml	多层焊		

表 4-33　焊工考试标记示例一

焊工考试标记：ISO 9606-1 135 P FW 1.2 S t10 PB ss ml			
说　明			认可范围
135	焊接工艺	MAG 焊	135
P	板	—	板、管（$D \geqslant 500mm$）
FW	角焊缝	—	FW
1.2	材料类组（按 ISO 15608）	1.2组：屈服强度 $275N/mm^2 < R_{eH} \leqslant 360N/mm^2$	1.1、1.2、1.4
S	焊接材料	实芯焊丝	S、M
t10	试件材料厚度	材料厚度：10mm	$\geqslant 3mm$
PB	焊接位置	角焊位置	PA、PB
ss ml	焊缝细节	单面焊 多层	ss、bs sl、ml

表 4-34　焊工考试标记示例二

焊工考试标记：ISO 9606-1 136 P BW 1.3 B t15 PE ss nb ml			
说　明			认可范围
136	焊接工艺	管状焊丝活性气体保护焊	136
P	板	—	板 管（$D \geqslant 150mm$）PA、PB、PC
BW	对接焊缝	—	BW、FW
1.3	材料类组（按 ISO15608）	1.3组：细晶粒正火钢 屈服极限 $R_{eH} > 360N/mm^2$	1、2、3、9.1、11
B	焊接材料	碱性药芯	B、R、P、V、W、Y、Z
T15	试件材料厚度	材料厚度：15mm	$\geqslant 5mm$
PE	焊接位置	对接焊、仰焊位置	PA、PB、PC、PD、PE、PF
ss nb ml	焊缝细节	单面焊 无衬垫 多层	ss、bs nb、mb sl、ml

4.2.4.7　焊工考试的检验要求

ISO 9606-1 标准中，要求每个试板应在焊态下进行检验。附加检验应在外观检验合格后进行。进行无损检验之前应将试板的永久衬垫去除。为了清晰地显示焊缝，宏观试样应在一侧制备并腐蚀。

对于采用131、135、136（仅金属粉末芯焊丝）和311焊接方法焊接的对接焊缝而言，进行射线检验后，还要求附加两个横向弯曲试验（一个正弯、一个背弯或两个侧弯）或两个断裂试验。检验要求见表4-35。

表 4-35 焊工考试的检验要求

检验方法	对接焊缝（板或管）	角焊缝及支管连接
外观检验	强制	强制
射线检验	强制①②④	非强制
弯曲试验	强制①②⑥	不适用
断裂试验	强制①②⑥	强制③⑤

①射线检验、弯曲试验或断裂试验三者任选其一。

②做射线检验时，131、135、136（仅金属粉末芯焊丝）和311焊接方法还必须附加弯曲试验或断裂试验。

③必要时，断裂试验可用至少两个宏观金相试样代替。

④对于厚度≥8mm的铁素体钢，射线检验可用超声波检验代替。

⑤管子的断裂试验可用射线检验代替。

⑥外径 D≤25mm 时，弯曲试验或断裂试验可用整个试件的缺口拉伸试验代替

横弯或侧弯试验时，弯曲角度应为180°做横弯试验时，整个受检长度应切成宽度相等的若干试样，所有试样都要试验。仅做侧弯试验时，要在受检长度内均匀切取至少4组试样。其中一个试样必须要取自试验长度内的起弧及止弧区。对厚度大于12mm的板材，横弯试验可由侧弯试验代替。

对于管子而言，131、135、136（仅金属粉末芯焊丝）或311焊接方法进行射线检验后所要求附加的断裂或横弯的试样数量应按焊接位置确定。对于 PA 或 PC 焊接位置，应做一个背弯试验和一个正弯试验，所有其他焊接位置应做两个背弯试验和两个正弯试验。

断裂试验时，试件应切成宽度相等的若干试样。每个试样的受检长度应大于或等于40mm。缺口外形可按 ISO 9017 要求加工。

试件应按 ISO 5817 要求验收评价。如果试件内的缺陷在 ISO 5817 规定的 B 级评定范围内（但下列缺陷种类除外，如焊缝余高、凸起、内陷及角焊缝厚度等，这些缺陷按 C 级评定），则判定焊工考试合格。

4.2.4.8 资质有效期

ISO 9606-1 的焊工证书是 3 年有效期，在焊工取得资质后，为了证明该焊工在持证期间没有中断焊接操作，需要每 6 个月进行一次确认。3 年以后，可通过考试机构按标准 ISO 9606-1 再延长 2 年有效期，如果不满足延期条件，就需要重新进行焊工资质考试。此外，在资质证书到期后，资质延期方式上，ISO 9606-1 也拓宽了新途径。

ISO 9606-1 作为后推出的现行标准，与旧标准 EN 287-1 最核心的不同点是焊接要素采用填充材料替代了原标准的母材。这一变动使得焊工考试工作更合理与科学。

4.3 焊接工艺评定标准

4.3.1 焊接工艺评定的意义

GB 3375—1994《焊接名词术语》标准中规定：焊接工艺是指制造焊件所有关的加工方法和实施要求，包括焊接准备、材料选用、焊接方法、焊接参数、操作要求等，具体见表 4-36。

表 4-36　焊接工艺内容

序号	名　称	内　容
1	焊接准备	包括焊前清理工件表面、检查装配间隙和坡口角度，审查焊工资格等工序
2	选择焊接方法	即根据被焊接金属的焊接性能和产品的结构特点选择适宜的焊接方法。焊接方法有手弧焊、埋弧焊、CO_2气体保护焊、钨极氩弧焊等
3	选择焊接材料	根据所确定的焊接方法和产品性能要求，选择合适的焊接材料，如焊条、焊剂、焊丝和保护气体等
4	选择焊接设备	根据所确定的焊接方法选择电焊机（如焊条电弧焊焊机、埋弧焊焊机、CO_2气体保护焊焊机等），并根据工件结构特点选择焊接工艺设备（如焊接操作机、滚轮架、胎具和夹具等）
5	确定焊接顺序	既包括确定工件上各条焊缝的焊接先后顺序，又包括确定焊缝是多层焊或多道焊，各道焊缝的焊接顺序
6	确定焊接工艺参数	包括确定焊接电流、电弧电压、焊接速度和气体流量等
7	确定焊前预热和焊后热处理	确定是否采用焊前预热、焊后缓冷或焊后热处理、焊后除氢处理等工艺措施，并确定各种工艺措施的工艺参数
8	确定其他的技术措施	例如，是否采用焊条摆动、层间清理方法等

在焊接工程中，焊接质量受到焊材、设备、工艺、施工环境及使用环境、焊件焊前焊后处理等工艺的影响。如何保证焊接工艺满足焊接生产的质量要求，就是焊接工艺评定的内容。

"焊接工艺评定"，就是在产品焊接前，按照所拟定的焊接工艺，根据有关标准的规定，焊接试件、检验试样、测定焊接接头是否具有所要求的使用性能，从而验证所拟定的焊接工艺是否正确的技术工作。焊接工艺评定的作用是确保焊接结构在操作运行条件下安全可靠。通过焊接工艺评定，制定合理的焊接工艺，为生产出高质量的焊接结构做好充分的技术准备。它是焊接生产前的必备工序。焊接工艺评定不当，会给焊接生产带来巨大的安全隐患。

焊接工艺正确与否的标志，是焊接接头的使用性能是否符合有关法规、标准、技术条件的要求。焊接工艺评定的任务就是对所指定的焊接工艺正确与否进行验证与检验。按照相关标准（NB/T 47014—2011《承压设备焊接工艺评定》等）经评定合格的焊接工艺指导书可以直接用于生产，也可以根据焊接工艺指导书、焊接工艺评定报告结合实际生产条件，编制焊接工艺规程用于产品施焊。如果检验项目中有任何一项不合格，说明该焊接工艺不能用于生产，需要进行修改，重新做焊接工艺评定试验，直至合格为止。

概括起来，焊接工艺评定有两大目的：

（1）验证所拟定的焊接工艺是否正确。这里所说的焊接工艺，既包括通过金属焊接性试验或根据有关焊接性能的技术资料新拟定的工艺，也包括已经评定合格，但由于某种原因需要改变一个或一个以上焊接工艺参数的工艺。这些工艺都未经过实践检验，因而都不十分可靠。虽然经过金属焊接性试验制定的工艺也经历了一系列检验，但毕竟试验条件与实际的焊接条件尚存在一定差距，因此也需要进行检验。

由于焊接工艺评定所进行的试验，是结合产品结构和技术条件，在制造单位具体条件下的焊接工艺验证性试验，因此，只有试验正确，通过焊接工艺评定试验的焊接工艺，才能在生产中保证焊接接头满足使用性能要求。

（2）评价施工单位焊接质量是否满足相关要求。例如，NB/T 47014—2011《承压设备焊接工艺评定》标准中明确规定：对于焊接工艺评定的试件，要由本单位操作技能熟练的焊接人员施焊，且焊接工艺评定要在本单位进行；施焊时要求焊接工艺评定的试验条件必须与产品的实际生产条件相对应，或者符合替代规则；使用的焊接设备、仪器处于正常的工作状态。因此，焊接工艺评定在很大程度上能反映出施工单位具有的施工条件和施工能力。正因如此，焊接工艺评定不可转让，这被称为焊接工艺评定的"不可输入性"。

焊接工艺评定试验是与金属焊接性试验、产品焊接试板试验、焊工操作技能评定试验不相同的试验。与上述试验相比，焊接工艺评定试验具有以下特点：

（1）与金属焊接性试验相比，焊接工艺评定试验具有验证性，其目的是检验所拟定的焊接工艺是否正确。而金属焊接性试验具有探索性，它或者是用于揭示金属在焊接时容易产生的问题，或者是用于制定焊接工艺。

（2）与生产焊接试板相比，焊接工艺评定试验在施工之前作施工准备过程中进行；而产品焊接试板试验则在施工过程中进行，而且试板的焊接与产品的焊接同步进行。例如，在焊接卧式罐的筒节纵缝时，产品的焊接试板是与筒节的一端定位焊在一起，一次性完成的，故而通过产品焊接试板试验可以了解实际产品的焊接质量。

（3）与焊工操作技能评定试验相比，焊接工艺评定试板的焊接要求由操作技能熟练的焊工施焊，以排除操作因素对评定结果的影响；而焊工操作技能评定试板的焊接，则由申请参加考试而尚未合格的焊工施焊。两者评定的对象和目的也不同，焊接工艺评定试验的对象是焊接工艺，目的是检验焊接工艺的正确性；而焊工操作技能评定试验评定的对象是焊工，用于考核焊工的操作技能水平。

4.3.2 焊接工艺评定的一般程序

以 NB/T 47014—2011《承压设备焊接工艺评定》标准要求为例，生产中焊接工艺评定工作通常按图 4-2 所示程序进行。

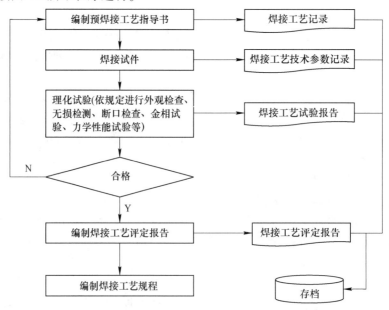

图 4-2　焊接工艺评定程序图

4.3.2.1 编制焊接工艺指导书

由施工单位的焊接工程技术人员根据产品结构、图样和技术条件，通过金属焊接性试验或查阅有关焊接性能的技术资料，以及经验拟定焊接工艺，并编制出焊接工艺指导书（WPS）。说明书包括的内容主要有被焊母材的类型、板厚、填充金属的类型（焊条、焊丝、气体等）、焊接方法（手工、自动及其他）、预热及焊后热处理要求、焊接规范及其他要求。这项工作在国外由设计部门提出，在国内多由工艺部门提出。试验任务书一般由焊接工艺师（员）提出，经焊接责任工程师校核、主任工程师审定、总工程师批准后下达。焊接工艺评定说明书由焊接工程师（员）拟定，经焊接责任工程师审定，下达正式生产单号进行试验评定工作。

原则上讲，对于任何一个产品在采用新材料、新工艺或新结构之前，均需做焊接性试验；但具体到某个制造单位，是否一定要做焊接性试验，应根据具体情况而定。对强度较低，刚性不大的材料，可借鉴外单位的试验；即使强度不太低的材料，如果掌握了详尽的有关焊接性能试验报告，对其确信无疑，或者有关标准和规范已经对该材料做了详尽的阐述或规定时，可不必重新进行试验。但是，对首次应用的材料或新材料，没有详尽的试验报告，或对已有的报告有怀疑或不尽清楚时，就应进行焊接性试验。

为了避免重复或者漏评，应统计产品中所有焊接接头的类型及各项有关数据，如材质、板厚、焊接位置、焊接方法、管子直径与壁厚等，进行分类归纳，确定出应进行焊接工艺评定的焊接接头类型。每种类型的焊接接头均需编制一份焊接工艺指导书。

焊接工艺指导书应包括以下内容：

（1）焊接工艺评定指导书的编号和日期；

（2）相应的焊接工艺评定报告的编号；

（3）焊接方法及自动化程度；

（4）焊接接头形式，有无焊接衬垫及其材料牌号；

（5）用简图表明被焊工件的坡口、间隙、焊道分布和顺序；

（6）母材的钢号、分类号。

焊接工艺指导书的具体内容应包括：

（1）母材、焊缝金属的厚度范围；

（2）焊接材料的类型、规格和熔敷金属的化学成分；

（3）焊接位置、立焊的焊接方向；

（4）焊接预热温度、最高层间温度和焊后热处理规范等；

（5）每层焊缝的焊接方法，焊接材料的牌号和规格，焊接电流种类、波形和焊接电流范围，电弧电压范围，焊接速度范围，导电嘴至工件的距离，喷嘴尺寸及喷嘴与工件的角度，保护气体的种类、成分和流量，施焊技术；

（6）焊接设备及所用仪表；

（7）编制和审批人的签名、日期等。

为了方便起见，可根据焊接工艺评定所涉及的内容自行设计表格，也可采用 JB 4708—2000 标准中推荐的表格。

4.3.2.2　施焊试件

焊接工艺指导书经有关人员审核、批准以后下达到焊接试验室，由焊接试验室进行焊接工艺评定的准备工作，主要包括准备试件、焊接材料和焊接设备等。要求试件的材质、焊接材料必须符合相应的标准；施焊的人员必须是本单位焊工，其操作技能必须熟练；要求焊接设备和仪表应处于正常工作状态。具备了以上工作条件以后，由焊工按照焊接工艺指导书规定的焊接工艺条件焊接试件。如果有焊后热处理要求时，焊后随即进行热处理。在焊接过程中应有专人做好施焊记录；评定试验工作必须在技术检验人员现场监督下进行，施焊后检验人员签字。

4.3.2.3　理化试验

试件焊完以后，到理化试验室进行有关项目的检测试验。首先，进行焊缝外观检验和无损检测；其次，按照焊接工艺评定标准的规定制备力学性能试验、金相试验的试样。力学性能试验所用试样一般包括拉伸试样、弯曲（面弯、背弯、侧弯）试样和冲击试样。力学性能试验和金相试验都要按照标准的有关规定进行。对试验结果要填写相应的试验报告。具体如下：

对焊接试板焊缝进行外观检查，外观检查合格后按标准在试板上分别制取金相试样、拉伸试样、冲击试样、弯曲试样。评定试件的取样宜采用线切割，切割及除去焊缝余高前可进行冷校平。

拉伸试样应采用机械加工除去焊缝余高。冲击试样应采用机械加工，其形式和试验方法应符合 GB/T 229 的规定。试样纵轴应垂直于焊缝轴线，缺口轴线垂直于母材表面，焊缝区试样的缺口轴线应位于焊缝中心线上，热影响区试样的缺口轴线与试样轴线的交点应位于热影响区内。冲击试样为 10mm×10mm×55mm 的标准试样。若无法制备标准试样时，也可采用厚度为 7.5mm 或 5mm 的小尺寸试样。弯曲试样应采用机械方法除去焊缝余高，面弯和背弯试样拉伸面应保留至少一侧母材的原始表面，加工刀痕应轻微并与试样纵轴平行。用于金相观察的试样，最好采用等离子切割制取，减小加工工程的热量对组织及性能的影响。

按图 4-3～图 4-6 所示切取拉伸、弯曲、冲击试样和金相试样。

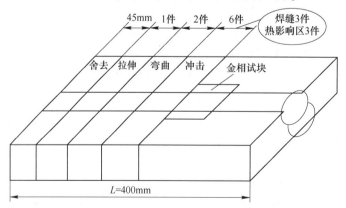

图 4-3　力学性能及金相试样取样示意图

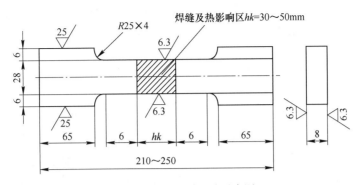

图 4-4 拉伸试样尺寸示意图

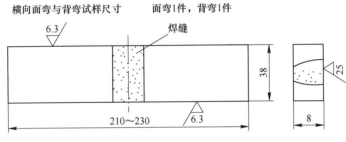

图 4-5 弯曲试样尺寸示意图

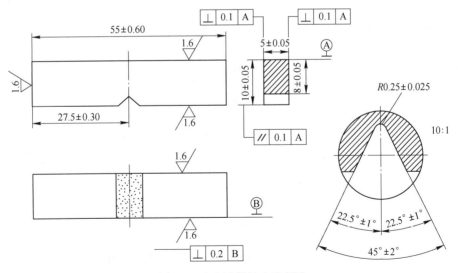

图 4-6 冲击试样尺寸示意图

此外，对于耐腐蚀层堆焊试件，还要进行渗透检测、化学分析等试验。其中，拉伸试验的试样母材为同种材料时，每个试样的抗拉强度不应低于母材抗拉强度标准值的下限；试样母材为两种材料时，每个试样的抗拉强度不应低于两种材料中抗拉强度较低材料的标准下限。弯曲试验的弯曲角度为 180°，弯曲角度应以试样承受载荷时测量为准。当试样绕弯轴弯曲到规定角度后，其拉伸面的任意方向上不得有长度大于 3mm 的裂纹，试样棱角处出现的开裂可不计，但由于夹渣或其他内部缺陷造成的棱角上裂纹长度应计入弯曲试验时，试样上的焊缝中心应对准弯曲轴线，焊缝和热影响区应全部在试样受弯范围内。冲击试验的合格指标应按技术文件或图样的要求确定。

焊缝宏观金相检验指标应符合焊缝根部要完全焊透、焊缝金属和热影响区不得有裂纹、未熔合等规定。

4.3.2.4 编制焊接工艺评定报告

焊接工艺评定报告（PQR）是按技术标准的规定，通过焊接试件和检验试样评定焊接工艺以后，将焊接工艺因素和试验记录整理成的综合报告。它是制定焊接工艺规程的依据。焊接工艺评定报告一般应注明焊接工艺评定报告的编号和日期及相应的焊接工艺指导书的编号。报告应包含以下主要内容：

（1）焊接方法；

（2）焊接接头形式；

（3）工艺试件、母材的钢号、分类号、厚度、直径、质量证明书和复验报告编号；

（4）焊接材料的牌号、类型、直径、质量证明书号；

（5）预热温度、层间温度；

（6）焊后热处理温度和保温时间；

（7）每条焊道实际的焊接工艺参数和施焊技术；

（8）焊接接头外观和无损检测的结果；

（9）焊接接头的拉伸、弯曲、冲击韧性的试验报告表号和金相试样报告编号，实验方法的标准和试验结果，角焊缝的断面宏观检验结果；

（10）焊接工艺评定的结论；

（11）焊工姓名和钢印号；

（12）试验人员和报告审批人的签字和日期。

为了方便起见，焊接工艺评定报告一般也设计成表格形式，参见该实验项目的实验报告册部分。

评定报告由焊接工艺师负责提出，焊接责任工程师审查，主任工程师审定，经检验部门会签，总工程师批准后生效执行。经过批准生效的评定报告，方可作为编制产品焊接工艺、填写焊接工艺卡片、制定焊接工艺守则等焊接工艺技术文件的依据。

4.3.2.5 编制焊接工艺规程

焊接工艺评定合格以后，焊接工艺人员根据经施焊单位负责人审批后的焊接工艺评定报告，并结合实际的生产条件编制出焊接工艺规程。经审批后，焊接工艺规程以焊接工艺卡的形式，下达到焊接车间用以指导产品的焊接。但是，对于某些重要的产品，例如要求质量等级较高的加氢裂化反应器等，还要通过产品模拟件的复核验证后，才能最终确定焊接工艺规程。对于评定试验中不合格的项目，应分析原因，提出改进措施，修改焊接工艺指导书，重新进行评定。

最后，评定合格的焊接工艺指导书、焊接工艺评定报告、施焊记录、各项检测试验报告和母材、焊接材料的质量证明书等资料应装订成册、存档保存，以备使用。

近些年来，计算机应用到焊接工艺评定管理的工作有很大的进展。一些单位建立了焊接工艺评定报告的数据库和专家系统，可以完成数据记录的浏览、追加、删除、修改和查询工作，同时，能够判断新的焊接工艺是否需要重新评定，这给焊接工艺评定工作带来了很大的方便。

目前国内各行业设计标准多、焊评标准多，在不同的行业施工时，需要按照不同的标准重新制作焊接工艺评定，特别是当焊接材料种类多、焊接方法不同时会导致焊评工作量较大，而且相当一部分属于重复劳动，容易浪费或者出现漏评，使焊接质量失去控制。为了做到焊评能够覆盖所有的焊接工艺，既要熟悉标准，掌握标准中如各种变数、验证试验的方法及其合格标准，又要根据实际焊接情况找出对焊缝使用性能有明显影响的重要因素。焊接工艺评定如何能够正确完整且准确地验证拟定的焊接工艺是否合理、焊接工艺中各个因素的变化是否对焊接质量有影响，这点尤为重要。

下面以管道工程中进行焊接工艺评定常用的标准为例进行说明。管道工程中常用的焊接工艺评定标准主要有 NB/T 47014—2011 标准、SY/T 4103—2006 标准和 SY/T 0452—2012 标准。

4.3.3 NB/T 47014—2011 标准

NB/T 47014—2011《承压设备焊接工艺评定》适用于承压设备（锅炉、容器、压力管道）的对接焊缝和角焊缝的焊接工艺评定，参照美国 ASME 第Ⅸ卷《焊接和钎焊评定标准》编写，ASME 标准历史悠久、不断修订、严谨完善，具有的较高权威性，得到了世界上多国的认可，国内有很多焊接工艺评定标准是参照 ASME 标准编写的。

以 NB/T 47014《承压设备焊接工艺评定》为代表的标准，它们尽可能地包括了各种焊接方法、材料和各种变数，尽可能详细地规定了各种情况下使用标准的方法，可操作性强，但对破坏性试验要求也较为严格。

4.3.3.1 通用规则

NB/T 47014—2011《承压设备焊接工艺评定》标准中的焊接工艺评定因素见表 4-37。标准中对 5 个通用因素进行了规定，而且 NB/T 47014 标准钢种多，规定详细具体。

表 4-37 通用焊接工艺评定因素（NB/T 47014—2011）

焊接工艺评定因素	NB/T 47014—2011	
焊接方法 （改变方法需要重做焊评）	气焊、焊条电弧焊、埋弧焊、钨极气体保护焊、熔化极气体保护焊、等离子焊、电渣焊、耐蚀堆焊、气电立焊、摩擦焊、螺柱电弧焊	
金属材料 （母材）	（1）分类 Fe1-Fe10H、Al、Cu、Ti、Ni； （2）碳素钢与低合金钢按抗拉强度分类有类别、组别的评定规则，未列入标准分类的材料按附件进行归类	
填充金属	焊条、焊丝、焊剂均有分类分组	
焊后热处理	热处理种类分 5 种，有评定规则	
试件与焊件厚度 （按照有冲击试验要求进行）	试件厚度 T 适用于焊接厚度 δ 范围	
	试件厚度/mm	焊件厚度 δ/mm
	$1.5 \leqslant T \leqslant 6$	$T/2 \sim 2T$
	$6 \leqslant T \leqslant 10$	$1T \sim 2T$
	$10 < T < 20$	$1T$ 与 16mm 较小值 $\sim 2T$

续表 4-37

焊接工艺评定因素	NB/T 47014—2011	
熔敷金属厚度	试件厚度 T 适用于焊件焊缝金属厚度范围（ t 为每种焊接方法熔敷的金属厚度）	
	试件厚度/mm	焊件焊缝金属厚度/mm
	$1.5 \leqslant T < 6$	$2t$
	$6 \leqslant T \leqslant 10$	$2t$
	$10 < T < 20$	$2t$

4.3.3.2　焊接工艺评定专用因素

焊接工艺评定因素分为重要因素、补加因素和次要因素。重要因素指影响焊接接头抗拉强度和弯曲性能的焊接工艺因素。补加因素指影响焊接接头冲击韧性的焊接工艺因素；次要因素指对要求测定的性能无明显影响的焊接工艺因素。NB/T 47014—2011《承压设备焊接工艺评定》标准中，针对焊接工艺评定专用因素，以 SMAW（焊条电弧焊）、FCAW（药芯焊丝电弧焊）、GTAW（钨极惰性气体保护焊）三种焊接方法为例，其各自的评定因素分别见表4-38~表4-40，从焊接工艺评定的通用因素与专用因素来说，NB/T 47014 焊接工艺评定因素十分全面。

表 4-38　SMAW 焊接方法专用焊接工艺评定因素（NB/T 47014）

类　　别	NB/T 47014		
	重要	补加	次要
接头	—	—	○
填充金属	—	○（焊条直径改为大于 6mm）	○
焊接位置	—	○（从规定合格位置改为向上立焊）	○
预热、后热	○（预热温度比评定合格值降低 50℃以上）	○（道间温度比评定记录值高 50℃以上）	○
气体	—	—	—
电特性	—	○（改变电流种类或极性、增加线能量等）	○
技术措施	—	○（多道焊改单道焊）	○

注：○表示针对该焊接方法需重新工艺评定的工艺因素；—表示针对该焊接方法不作为重新评定工艺因素。

表 4-39　FCAW 焊接方法专用焊接工艺评定因素（NB/T 47014）

类　　别	NB/T 47014		
	重要	补加	次要
接头	—	—	○
填充金属	○（添加或取消附加填充丝或体积改变超过 10%；实芯药芯金属粉之间变更；附加金属引起重要合金元素改变）	—	○

续表 4-39

类　别	NB/T 47014		
	重要	补加	次要
焊接位置	—	○（从规定合格位置改为向上立焊）	○
预热、后热	○（预热温度比评定合格值降低50℃以上）	○（道间温度比评定记录值高50℃以上）	○
气体	○（改变气体种类、组分、流量等）	—	○
电特性	○（从喷射弧改为短路弧或反之）	○（改变电流种类或极性、增加线能量等）	○
技术措施	—	○（多道焊改单道焊，机动焊时单丝改为多丝或反之）	○

注：○表示针对该焊接方法需重新工艺评定的工艺因素；—表示针对该焊接方法不作为重新评定工艺因素。

表 4-40　GTAW 焊接方法专用焊接工艺评定因素（NB/T 47014）

类　别	NB/T 47014		
	重要	补加	次要
接头	—	—	○
填充金属	○（增加或取消填充金属，实芯药芯金属粉之间变更）	—	○
焊接位置	—	○（从规定合格位置改为向上立焊）	○
预热、后热	○（预热温度比评定合格值降低50℃以上）	○（道间温度比评定记录值高50℃以上）	○
气体	○（改变气体种类、组分、流量等）	—	○
电特性	—	○（改变电流种类或极性、增加线能量等）	○
技术措施	—	○（多道焊改单道焊，机动焊时单丝改为多丝或反之）	○

注：○表示针对该焊接方法需重新工艺评定的工艺因素；—表示针对该焊接方法不作为重新评定工艺因素。

4.3.3.3　试件检验项目和要求

以常见的管道焊接为例，NB/T 47014—2011《承压设备焊接工艺评定》标准中，试件检验项目和要求见表 4-41。

表 4-41　试件检验项目与要求（NB/T 47014）

试件检验（板状、管状试件）			说　明
对接焊缝试件	外观检查	不得有裂纹	
	无损检测	不得有裂纹	

续表 4-41

试件检验（板状、管状试件）			说　明
对接焊缝试件	拉伸试验	2 个	以试样 10mm 为例，NB/T 47014 拉伸试样为紧凑型试样，弯芯直径 $D = 40mm$，180°
	面弯试验	2 个	
	背弯试验	2 个	
	侧弯试验	或 4 个	
	冲击试验	焊缝区 3 个，热影响区 3 个（规定时）	冲击韧性是长输管道工程设计中的重要性能，应在施工工艺中保证
	刻槽锤断		采用刻槽锤断来评价断面焊接质量，没有对剪切面积和温度做出规定，与刻槽锤断的初衷不一致

可以看到，针对管道类的焊接工艺评定，NB/T 47014 标准中允许了板状试件与管状试件的互相涵盖，其实这样不能真实地反映实际焊接情况。NB/T 47014 标准中规定要进行拉伸、弯曲试验，拉伸验证的是抗拉强度，弯曲验证的是焊缝的变形能力。

弯曲试验的目的是检验焊接接头的塑性与致密性，其有一些小缺陷，目视和无损检测不一定检测得出，但当弯曲后缺陷延伸到一定长度后，缺陷变形扩展则可明显看出。压头直径 D 与试件厚度 S 的比例对弯曲的结果有直接影响，当 $D = 4S$ 时，弯曲试验最为合理和严格。NB/T 47014 采用该压头直径的规定，从而能够很好地评判材料塑性的好坏。

冲击韧性是反映金属材料对外来冲击载荷导致脆性破坏的抵抗能力，材料及其热处理状态、试样及其缺口的形状尺寸、材料的缺陷、金相组织（包括夹杂物、晶粒粗大、成分偏析、材料回火脆性）对其冲击韧性的影响都很大。目前主要采用落锤冲击和摆锤冲击两种方法来评判冲击韧性，落锤试验（又称刻槽锤断）是测试管线钢材料韧性的一种方法，试验目的主要是建立断口形貌与温度的关系，从而确定管线钢材料的韧脆转变温度，以保证管线工作温度区内有足够的韧性储备，不会发生脆性断裂事故。

摆锤冲击一般常用摆锤冲击带缺口试样来测定材料抵抗冲击载荷的能力，即测定冲击试样被折断而消耗的冲击功 A_k，单位为焦耳（J），以此来反映韧性的好坏。

从标准的规定而言，NB/T 47014 中没有要求进行刻槽锤断试验，只要求做 V 型缺口冲击试验，表面上看似不严谨，但刻槽锤断试验中刻槽采用切割或钢锯刻槽，缺口形态对冲击影响较大，容易出现较大偏差。

4.3.3.4　焊接工艺评定的使用

NB/T 47014 标准对焊接工艺评定的使用要求较为严格，规定焊接工艺评定应在本单位进行，由本单位操作技能熟练的焊工使用本单位的设备焊接试件，相较于其他焊接工艺评定标准，灵活性稍差，成本增加，但这样能更好地从技术上、施工能力上保证工程焊接质量。

4.3.4　SY/T 4103—2006 标准

SY/T 4103—2006《钢制管道焊接及验收》是按照美国石油协会 API Std 1104—1999《管道及有关设施的焊接》转化而成的，适用于使用碳钢钢管、低合金钢钢管及其管件，输送原油、成品油及气体燃料等介质的管道、压气站管网和泵站管网的安装焊接，在管道行业应用较为广泛。

与 NB/T 47014 标准相反，SY/T 4103—2006《钢制管道焊接及验收》以转换美国 API 1104 标准为基础的另一类典型标准，实用为主，仅包括管道常用材料和焊接方法，验证评价等手段要求简单，但对很多问题都未做详细的规定，执行起来自由度较大。

4.3.4.1 通用规则

SY/T 4103—2006《钢制管道焊接及验收》标准中的焊接工艺评定因素见表 4-42。标准中对 5 个通用因素进行了规定，但与 NB/T 47014 标准相比，钢材种类少，规定的较为笼统简单，没有对熔敷金属的厚度范围进行规定，但在其标准中规定了每个组别应选用该组最高屈服强度的材料进行，大于等于 448MPa 的碳钢和低合金钢需要单独进行评定。

表 4-42 通用焊接工艺评定因素（SY/T 4103—2006）

焊接工艺评定因素	SY/T 0413—2006	
焊接方法 （改变方法需要重做焊评）	焊条电弧焊、熔化极气体保护焊、非熔化极气体保护焊、药芯焊丝自保护焊、气焊、埋弧焊、闪光焊及其组合（7 种焊接方法）	
金属材料 （母材）	（1）仅有碳钢、低合金钢； （2）分组：按屈服强度分为 3 组（≤290MPa、290~448MPa、≥448MPa）	
填充金属	焊丝、焊条、焊剂仅分组	
焊后热处理	增加或取消热处理；改变热处理范围和温度	
试件与焊件厚度 （按照有冲击试验要求进行）	按管材壁厚 δ（mm）分 3 组，组别变更则要重新评定	
	1 组	$\delta<4.8$
	2 组	$4.8\leq\delta\leq19.1$
	3 组	$\delta>19.1$
熔敷金属厚度	没有对熔敷金属的厚度范围进行规定	

4.3.4.2 焊接工艺评定专用因素

针对焊接工艺评定专用因素，同样以 SMAW、FCAW、GTAW 3 种焊接方法为例，根据 SY/T 4103—2006 标准规定，其各自的评定因素分别见表 4-43~表 4-45。

表 4-43 SMAW 焊接方法专用焊接工艺评定因素（SY/T 4103）

类 别	SY/T 4103
	基本要素
接头	○（接头设计的重大变更，如 V 型改 U 型）
填充金属	—
焊接位置	○（从下向焊改为上向焊或反之）
预热、后热	○（降低最低预热温度；完成根焊和开始第二层焊接之间允许的最大时间间隔增加）
气体	○（改变气体种类、组分或流量）
电特性	○（改变电流种类或极性；电流电压范围的变更；焊接速度的变更）

注：○表示针对该焊接方法需重新工艺评定的工艺因素；—表示针对该焊接方法不作为重新评定工艺因素。

表 4-44 FCAW 焊接方法专用焊接工艺评定因素（SY/T 4103）

类　别	SY/T 4103
	基本要素
接头	○（接头设计的重大变更，如 V 型改 U 型）
焊接位置	○（从下向焊改为上向焊或反之）
预热、后热	○（降低最低预热温度；完成根焊和开始第二层焊接之间允许的最大时间间隔增加）
气体	○（改变气体种类、组分或流量）
电特性	○（改变电流种类或极性；电流电压范围的变更；焊接速度的变更）

注：○表示针对该焊接方法需重新工艺评定的工艺因素。

表 4-45 GTAW 焊接方法专用焊接工艺评定因素（SY/T 4103）

类　别	SY/T 4103
	基本要素
接头	○（接头设计的重大变更，如 V 型改 U 型）
填充金属	—
焊接位置	○（从下向焊改为上向焊或反之）
预热、后热	○（降低最低预热温度；完成根焊和开始第二层焊接之间允许的最大时间间隔增加）
气体	○（改变气体种类、组分或流量）
电特性	○（改变电流种类或极性；电流电压范围的变更；焊接速度的变更）

注：○表示针对该焊接方法需重新工艺评定的工艺因素；—表示针对该焊接方法不作为重新评定工艺因素。

可见，SY/T 4103 与 NB/T 47014 中标准有着较大的区别，SY/T 4103 中的基本要素相当于 NB/T 47014 中的重要因素。此外针对接头形式（坡口形式），在 SY/T 4103 中没有对填充金属直径、技术措施进行规定。

SY/T 4103 与 NB/T 47014 有着较大的区别，如接头形式（坡口形式），而且在 SY/T 4103 中还对药芯实芯焊丝的改变、短路熔滴过渡等未做规定。

对于 FCAW，SY/T 4103 同样和 NB/T 47014 有着较大的区别，如接头形式（坡口形式），以及未对药芯实芯焊丝的改变做规定。

4.3.4.3　试件检验项目和要求

以管道焊接为例，SY/T 4103—2006《钢制管道焊接及验收》标准中，试件检验项目和要求见表 4-46。

表 4-46 试件检验项目与要求（SY/T 4103）

试件检验		管状试件（以 $T>12.7$mm 为例）			说　明
对接焊缝试件	外观检查	—			
	无损检测	—			
	拉伸试验	≤114.33	>114.3~323.9	>323.9	以试样 10mm 为例 拉伸试样是长试样，弯芯直径 $D=90$mm，180°
		0	2	4	
	面弯试验	≤114.33	>114.3~323.9	>323.9	
		0	0	0	
	背弯试验	≤114.33	>114.3~323.9	>323.9	
		0	0	0	
	侧弯试验	≤114.33	>114.3~323.9	>323.9	
		2	4	8	
	冲击试验	—			冲击韧性是长输管道工程设计中的重要性能，应在施工工艺中保证
	刻槽锤断	≤114.33	>114.3~323.9	>323.9	采用刻槽锤断来评价断面焊接质量，没有对剪切面积和温度做出规定，与刻槽锤断的初衷不一致
		2	2	2	

　　SY/T 4103—2006 规定必须采用管状试件，这样更能真实地反映实际焊接情况，与 NB/T 47014 一样，规定要进行拉伸、弯曲试验。但 SY/T 4103 弯曲试验采用特殊的 U 型模具和压头进行试验，压头直径 90mm，如采用 14mm 的 X70 级管线进行弯曲试验，其焊缝处的伸长率仅为 13.5%，显然达不到评判材料塑性好坏的标准，而且，从弯芯直径角度而言，SY/T 4103 要求偏低，对于薄板要求更低。

　　从标准的规定而言，SY/T 4103—2006 要求最低，只具体规定了刻槽锤断试验，其主要目的是检验焊缝的断面缺陷，另外可以检验纤维素焊条焊接时焊缝中氢气孔积聚的程度（焊缝的鱼眼缺陷），是通过断面缺陷情况来评价的，不能真实地反映焊缝及热影响区的韧性，且刻槽采用切割或钢锯刻槽，缺口形态对冲击影响较大，容易出现较大偏差。

　　冲击韧性是焊接工程中必须保证的重要性能；SY/T 4103 落锤冲击试验规定不够具体，容易出现偏差，不能真实反映冲击韧性，也就是说 SY/T 4103 在弯曲和冲击上要求较低，因此不适宜用于对冲击试验要求较高的焊接工程中的焊接工艺评定。

4.3.4.4 焊接工艺评定的使用

　　SY/T 4103 中没有明确的规定，但从标准的理解上看应当是承担工程建设的施工单位进行焊接工艺评定，这一点和 NB/T 41014 是一致的，即焊接工艺评定只能是本单位使用。

4.3.5 SY/T 0452—2012 标准

　　SY/T 0452—2012《石油天然气金属管道焊接工艺评定》适用于陆上石油天然气建设中金属管道的焊接工艺评定；该标准是综合了 ASME、APIStd1104 等标准，考虑了各种不同金属管道材料的焊接工艺评定特点而编制的，在很多条款方面与 NB/T 47014 一致。

4.3.5.1 通用规则

SY/T 0452—2012《钢制管道焊接及验收》标准中的焊接工艺评定因素见表4-47。从通用因素的对比可以看出，SY/T 0452 标准对 5 个通用因素进行了规定，而且和 NB/T 47014 标准一样，标准中的钢种多，规定详细具体。

表 4-47　通用焊接工艺评定因素（SY/T 0452—2012）

焊接工艺评定因素	SY/T 0452—2012	
焊接方法 （改变方法需要重做焊评）	气焊、焊条电弧焊、埋弧焊、熔化极气体保护焊、非熔化极气体保护焊、药芯焊丝焊及其组合（6 种焊接方法）	
金属材料 （母材）	（1）分类 Fe1～Fe9、Al、Ni； （2）碳素钢与低合金钢按抗拉强度分类，有类别、组别的评定规则，未列入标准分类的材料按标准进行归类	
填充金属	焊条、焊丝有分类分组	
焊后热处理	改变热处理类别要重新评定（未指明类别）	
试件与焊件厚度 （按照有冲击试验要求进行）	试件母材厚度 T 适用于焊接厚度 δ 范围	
	试件厚度 T/mm	焊件厚度 δ/mm
	$1.5 \leqslant T < 8$	$1.5T \sim 2T$ 且不大于 12mm
	$T \geqslant 8$	$0.75T \sim 1.5T$
熔敷金属厚度	试件母材厚度 T 适用于焊件焊缝金属厚度 δ 范围； t 为每种焊接方法熔敷的金属厚度	
	试件厚度/mm	焊件厚度/mm
	$1.5 \leqslant T < 8$	$2t$ 且不大于 12mm
	$T \geqslant 8$	$2t$

4.3.5.2 焊接工艺评定专用因素

针对焊接工艺评定专用因素，同样以 SMAW、FCAW、GTAW 3 种焊接方法为例，根据 SY/T 0452—2012 标准规定，其各自的评定因素分别见表4-48～表4-50。

表 4-48　SMAW 焊接方法专用焊接工艺评定因素（SY/T 0452）

类　别	SY/T 0452		
	重要	补加	次要
接头	—	—	○
填充金属	—	○（焊条直径改为大于 6mm）	○
焊接位置	—	○（从规定合格位置改为向上立焊）	○
预热、后热	○（预热温度比评定合格值降低 50℃以上）	○（道间温度比评定记录值高 50℃以上）	○
气体	—	—	—
电特性	—	○（改变电流种类或极性增加线能量等）	○
技术措施	—	○（多道焊改单道焊）	○

注：○表示针对该焊接方法需重新工艺评定的工艺因素；—表示针对该焊接方法不作为重新评定工艺因素。

表 4-49　FCAW 焊接方法专用焊接工艺评定因素（SY/T 0452）

类　别	SY/T 0452		
	重要	补加	次要
接头	—	—	○
填充金属	○（添加或取消附加填充丝或体积改变超过 10%；实芯药芯金属粉之间变更）	—	○
焊接位置	—	○（从规定合格位置改为向上立焊）	○
预热、后热	○（预热温度比评定合格值降低 50℃以上）	○（道间温度比评定记录值高 50℃以上）	○
气体	○（改变气体种类、组分、流量等）	—	○
电特性	○（从喷射弧改为短路弧或反之）	○（改变电流种类或极性；增加线能量等）	○
技术措施	—	○（多道焊改单道焊；机动焊时单丝改为多丝或反之）	○

注：○表示针对该焊接方法需重新工艺评定的工艺因素；—表示针对该焊接方法不作为重新评定工艺因素。

表 4-50　GTAW 焊接方法专用焊接工艺评定因素（SY/T 0452）

类　别	SY/T 0452		
	重要	补加	次要
接头	—	—	○
填充金属	○（添加或取消附加填充丝；实芯药芯金属粉之间变更）	—	○
焊接位置	—	○（从规定合格位置改为向上立焊）	○
预热、后热	○（预热温度比评定合格值降低 50℃以上）	○（道间温度比评定记录值高 50℃以上）	○
气体	○（改变气体种类、组分、流量等）	—	—
电特性	—	○（改变电流种类或极性增加线能量等）	○
技术措施	—	○（多道焊改单道焊；机动焊时单丝改为多丝或反之）	○

注：○表示针对该焊接方法需重新工艺评定的工艺因素；—表示针对该焊接方法不作为重新评定工艺因素。

　　从以上 3 个不同焊接方法的专用评定因素可以看到，SY/T 0452 标准和 NB/T 47014 标准的专用评定因素是一致的，规定的比较详细，不同于 SY/T 4103 标准中缺项。

　　4.3.5.3　试件检验项目和要求

　　以管道焊接工程为例，SY/T 0452—2012《钢制管道焊接及验收》标准中，试件检验项目和要求见表 4-51。

表 4-51　试件检验项目与要求（SY/T 0452—2012）

试件检验		SY/T 0452（管状试件）	说　明
对接焊缝试件	外观检查	不得有裂纹	
	无损检测	不得有裂纹	
	拉伸试验	2个	以试样 10mm 为例，SY/T 0452 标准中拉伸试样为紧凑型试样，弯芯直径 $D = 40mm$，180°
	面弯试验	2个	
	背弯试验	2个	
	侧弯试验	或4个	
	冲击试验	焊缝区 3个，热影响区 3个（规定时）	冲击韧性是长输管道工程设计中的重要性能，应在施工工艺中保证
	刻槽锤断	2个（长输管道必做）	采用刻槽锤断来评价断面焊接质量，没有对剪切面积和温度做出规定，与刻槽锤断的初衷不一致

不同于 NB/T 47014，SY/T 0452—2012《钢制管道焊接及验收》标准中规定了必须采用管状试件，这样更能真实地反映实际焊接情况，同样规定要进行拉伸、弯曲试验。

压头直径 D 与试件厚度 S 的比例对弯曲的结果有直接影响，当 $D = 4S$ 时，弯曲试验最为合理和严格，SY/T 0452 标准和 NB/T 47014 标准一致采用该压头直径的规定。

虽然刻槽锤断试验是通过断面缺陷情况来评价的，不能真实地反映焊缝及热影响区的韧性，且刻槽采用切割或钢锯刻槽，缺口形态对冲击影响较大，容易出现较大偏差，但从标准的规定而言，SY/T 0452 要求最高，不仅要做 V 型缺口冲击试验而且还要做刻槽锤断试验。

4.3.5.4　焊接工艺评定的使用

SY/T 0452 中规定，同一管道工程施工时，压力管道施工资质相同的各单位之间，可以相互利用按照本标准评定合格的焊接工艺评定作为编制焊接工艺规程的依据，但事先应经评定单位的授权许可，并经本单位质量保证工程师的批准。

从标准规定和应用角度 SY/T 0452 最为灵活。现实中，一个管道工程往往有多家施工单位，但由于管道焊接技术相对成熟固定，设备、焊材也较为固定，因此由一家单位制作焊评，各个单位根据焊评编制焊接工艺卡，可以极大地减少焊评的费用和时间。也就是说，SY/T 0452 标准允许施工单位互相共享，这样可以极大地节约成本；对于有相当实力的施工和建设单位可以进行深入细致的焊接工作研究，编制焊接工艺评定并推广，从而能够避免各个单位重复的验证，造成大量的人力物力浪费。

4.3.6　ISO 标准

焊接工艺评定势必涉及焊接工艺规程，金属材料焊接工艺规程及焊接工艺评定涉及的相关标准主要有 ISO 15607、ISO 15609、ISO 15614 等。金属材料焊接工艺规程及焊接工艺评定体系标准如表 4-52 所示。

表 4-52　金属材料焊接工艺规程及焊接工艺评定体系标准

方法	弧焊	气焊	电子束焊	激光焊	电阻焊	螺柱焊	摩擦焊
一般原则	ISO 15607						
母材分类指南	ISO 15608		—			ISO 15608	
WPS	ISO 15609-1	ISO 15609-2	ISO 15609-3	ISO 15609-4	ISO 15609-5	ISO 14555	ISO 15620
基于考核合格的焊材评定	ISO 15610		—				
基于以前的焊接经验评定	ISO 15611					ISO 15611 ISO 14555	ISO 15611 ISO 15620
基于标准工艺评定	ISO 15612				—		
基于预生产焊接试验评定	ISO 15613					ISO 15613 ISO 14555	ISO 15613 ISO 14555
焊接工艺评定试验（WPQR）	ISO 15614： -1 钢镍 -2 铝 -3 铸铁 -4 铸铝抛光焊 -5 钛/锆 -6 铜 -7 堆焊 -8 管-板 -9 高压湿焊 -10 高压干焊	ISO 15614： -1 钢镍 -3 铸铁 -6 铜 -7 堆焊	ISO 15614： -7 堆焊 -11 电子束焊/激光焊		ISO 15614： -12 点焊、缝焊和凸焊 -13 闪光焊/对焊	ISO 14555	ISO 15620

ISO 15607 标准中规定了金属材料焊接工艺规程和评定通用准则，ISO 15609 标准规定了金属材料焊接工艺规程，ISO 15614 标准规定了金属材料焊接工艺评定的要求和认可条件。焊接工艺规程（WPS）的相关标准见表 4-53，焊接工艺评定（WPQR）相关标准见表 4-54，焊接工艺评定标准中有关焊接工艺规程部分要遵循焊接工艺规程相关标准进行制定。

表 4-53　焊接工艺规程（WPS）的相关标准

序　号	标 准 号	名　称
1	ISO 15609-1	电弧焊焊接工艺规程
2	ISO 15609-2	气焊焊接工艺规程
3	ISO 15609-3	电子束焊焊接工艺规程
4	ISO 15609-4	激光焊焊接工艺规程
5	ISO 15609-5	电阻焊焊接工艺规程
6	ISO 14555	螺栓焊焊接工艺规程
7	ISO 15620	摩擦焊焊接工艺规程

表 4-54　焊接工艺评定（WPQR）的相关标准

序号	标准号	名　　称
1	ISO 15614-1	钢、镍及镍合金的焊接工艺评定
2	ISO 15614-2	铝及铝合金的焊接工艺评定
3	ISO 15614-3	铸铁的焊接工艺评定
4	ISO 15614-5	钛/锆及其合金的焊接工艺评定
5	ISO 15614-6	铜及铜合金的焊接工艺评定
6	ISO 15614-7	堆焊的焊接工艺评定
7	ISO 15614-11	电子束/激光焊的焊接工艺评定
8	ISO 15614-12	点焊/缝焊/凸焊的焊接工艺评定
9	ISO 15614-13	闪光焊/对焊的焊接工艺评定
10	ISO 15610	基于焊接材料试验的工艺评定
11	ISO 15611	基于焊接经验的工艺评定
12	ISO 15612	基于标准焊接规程的工艺评定
13	ISO 15613	基于预生产焊接试验的工艺评定
14	ISO4063	金属焊接、硬钎焊、软钎焊和（坡口）钎焊；方法名称及数字
15	ISO15608	钢材/镍合金及镍合金/钢的分类组别
16	ISO5817	钢电弧焊焊接接头熔焊缺陷评定级别
17	EN 30042（ISO 10042）	铝电弧焊焊接接头接熔焊缺陷评定级别
18	ISO 4136（EN 895）	对接接头横向拉伸试验的试样和试验
19	ISO 5173（EN 910）	对接接头弯曲试验的试样和试验
20	EN 875	冲击试样和试验应符合相关标准

　　焊接工艺评定工作要求按照相关标准能编制出焊接工艺规程和焊接工艺评定，即按照 ISO 标准对每个焊接构件均要求在制造之前编制焊接工艺规程。焊接工艺规程（WPS）应当包含执行焊接操作的必要条件。对于具体应用而言，可以根据实际情况做增减处理。

　　其主要内容包括：

　　（1）制造商名称、WPS 的名称和编号、焊接工艺评定报告（或其他所需文件）的编号。

　　（2）母材种类（材料型号、牌号及标准编号；材料类组）；材料尺寸（接头的厚度范围、管材的外径范围）。

　　（3）焊接方法、接头设计、焊接位置、接头制备、焊接操作、背面清根、焊接衬垫、焊接材料、机械化焊接及自动焊、预热温度、道间温度、预热维持温度、除氢后热、焊后热处理、保护气体、热输入。

　　按照 ISO 15614-1《钢、镍及镍合金焊接工艺评定》进行焊接工艺评定时，PWPS 按 ISO 15609 标准执行，焊工按 IS 9606 或 ISO 14732 执行，试件、焊接和试验、接头形式和尺寸按 ISO 15614-1 进行。试验和检验时，对于全焊透的对接焊缝，要进行外观、射线或超声、表面裂纹检测，横向拉伸、横向弯曲、冲击、硬度、低倍金相等检验与试验事项；而对于全焊透的 T 型接头/支撑管需要进行外观、表面裂纹检测，超声或射线、硬度、低倍金相等检验与实验事项；对于角焊缝，主要进行外观、表面裂纹检测，低倍金相、硬度等系列检验与试验。

4.3.6.1 母材的认可范围

为了尽量减少焊接工艺评定试验的数量，钢、镍及镍合金按 ISO 15606 标准进行分类。超出评定范围的变化需要重新进行焊接工艺评定试验。钢的评定认可范围见表4-55。

表 4-55 钢的焊接工艺评定认可范围

试件的材料组别（分组别）	认 可 范 围
1—1	1[①]—1
2—2	2[①]—2, 1—1, 2[①]—1
3—3	3[①]—3, 1—1, 2—1, 2—2, 3[①]—1, 3[①]—2
4—4	4[②]—4, 4[②]—1, 4[②]—2
5—5	5[②]—5, 5[②]—1, 5[②]—2
6—6	6[②]—6, 6[②]—1, 6[②]—2
7—7	7[③]—7
7—3	7[③]—3, 7[③]—1, 7[③]—2
7—2	7[③]—2[①], 7[③]—1
8—8	8[③]—8
8—6	8[③]—6[②], 8[③]—1, 8[③]—2, 8[③]—4
8—5	8[③]—5[②], 8[③]—1, 8[③]—2, 8[③]—4, 8[③]—6.1, 8[③]—6.2
8—3	8[③]—3[①], 8[③]—1, 8[③]—2
8—2	8[③]—2[①], 8[③]—1
9—9	9[②]—9
10—10	10[②]—10
10—8	10[②]—8[③]
10—6	10[②]—6[②], 10[②]—1, 10[②]—2, 10[②]—4
10—5	10[②]—5[②], 10[②]—1, 10[②]—2, 10[②]—4, 10[②]—6.1, 10[②]—6.2
10—3	7[③]—3, 7[③]—1, 7[③]—2
10—2	7[③]—2[①], 7[③]—1
11—11	

①适用于同组别中具有同等或较低屈服强度的钢。
②适用于同组别中同一分组别或较低分组别的钢。
③适用于同一分组别的钢。

4.3.6.2 试件厚度和焊缝熔敷厚度的认可范围

钢的对接接头试件厚度和焊缝熔敷厚度的认可范围见表4-56，钢的角焊缝试件厚度和焊缝有效厚度的认可范围见表4-57，管材和支管连接直径认可范围见表4-58。

表 4-56　钢的对接接头试件厚度和焊缝熔敷厚度的认可范围

试件的厚度 t/mm	认可范围/mm	
	单道焊	多道焊
$t \leqslant 3$	$0.7t \sim 1.3t$	$0.7t \sim 2t$
$3 < t \leqslant 12$	$0.5t$（最小 3）$\sim 1.3t$[①]	$3 \sim 2t$[①]
$12 < t \leqslant 100$	$0.5t \sim 1.1t$	$0.5t \sim 2t$
$t > 100$	不适用	$50 \sim 2t$

①评定试件的厚度小于 12mm 时，可不做冲击试验。

表 4-57　钢的角焊缝试件厚度和焊缝有效厚度的认可范围

试件的厚度 t/mm	认可范围/mm		
	材料厚度	角焊缝有效厚度	
		单道焊	多道焊
$t \leqslant 3$	$0.7t \sim 2t$	$0.75a \sim 1.5a$	无限制
$3 < t < 30$	$0.5t$（最小 3）$\sim 1.2t$	$0.75a \sim 1.5a$	无限制
$t \geqslant 30$	$\geqslant 5$	*	无限制

注：1. a 为试件的焊缝有效厚度。

　　2. 用对接接头评定角焊缝时，评定的焊缝有效厚度应以熔敷金属的厚度为准。

　　3. * 仅对特殊应用而言，每个焊缝有效厚度都应单独通过一个工艺试验来认可。

表 4-58　管材和支管连接直径认可范围

试件直径 D[①]/mm	认可范围/mm
$D \leqslant 25$mm	$0.5D \sim 2D$
$D > 25$mm	$\geqslant 0.5D$（最小 25）

①对于中空结构，D 为较短边长；对于管材或支管，D 为外径。

4.4　压力容器生产标准

压力容器是世界各国石油化工行业都会涉及的通用性产品，压力容器产品主要包括固定式压力容器、移动式压力容器、气瓶和氧舱 4 类设备，固定式压力容器在我国石油化工行业的压力容器中占有很大比例。由于压力容器在承压状态下工作，并且工作介质多为高温、低温或易燃易爆、有毒，一旦发生事故，将会对人民的生命和财产造成不可估量的损失，因此各国均将压力容器作为特种设备予以强制性管理。

4.4.1　中国压力容器标准

国内压力容器标准体系主要是依据国务院颁布的行政法规《特种设备安全监察条例》以及国家质量技术监督局颁布的《固定式压力容器安全技术监察规程》来进行的，已经颁布并实施了以 GB 150《压力容器》和 JB 4732《钢制压力容器—分析设计标准》为核心的一系列压力容器标准以及相关压力容器产品标准、基础标准和零部件标准，并以此构成了压力容器标准体系的基本框架。

中国压力容器标准从总体结构上来说，偏向于开放型规范，体系中的标准，如 GB 150、GB 151 和 JB 4732 主要针对不同类型压力容器，在压力容器的设计、制造和检验过程中，还需要不同的配套标准来配合，如材料标准、焊接标准、无损检测标准等。

4.4.1.1　分类与适用范围

以固定式压力容器为例，国内分类的法规或标准是 TSG R0004《固定式压力容器安全技术监察规程》，标准中根据介质特性，选择类别划分图，再根据设计压力和容积，标出坐标点，确定压力容器类别，规定固定式压力容器类别主要分为Ⅰ、Ⅱ和Ⅲ类。压力容器的压力适用范围见表 4-59。

表 4-59　国内压力容器的压力适用范围

标准名称	压力适用范围
GB 150	$0.1MPa \leqslant p \leqslant 35MPa$
JB 4732	$0.1MPa \leqslant p \leqslant 100MPa$

4.4.1.2　材料标准

国内压力容器的材料标准按照不同的类型、用途和行业特点加以区分并编制，并由这些材料标准一起构成一个较为完整的体系。以往其材料标准基本由供方即钢材生产厂家编制，主要反映钢材生产厂家的要求，相关的材料标准具有较强的针对性。

在使用过程中，只要材料标准满足压力容器设计标准中规定的成分和技术要求就可以使用。目前的压力容器专用材料标准在修订过程中，征求了有关使用方的意见，压力容器相关的材料标准如 GB 713、GB 3531、GB 24510、GB 24511、NB/T 47002、NB/T 47008 ~ 47010 等已经修订发布，使其能满足压力容器使用要求。

在我国压力容器相关材料标准的制定过程中，尤其是钢板标准 GB 713—2014《锅炉和压力容器用钢板》、GB 3531—2014《低温压力容器用钢板》和 GB 24511—2009《承压设备用不锈钢钢板及钢带》新版压力容器用钢板标准编制过程中，收集了 ISO、EN、JIS 和 ASTM 等国际国外主要标准，目前以上 3 个标准的材料技术指标如硫、磷含量，低温冲击功指标等，与国际上 ASME 标准、EN 标准等相比都是先进的。

对于非螺栓压力容器铁基材料许用应力安全系数见表 4-60。

表 4-60　材料许用应力安全系数

标准名称	铁基材料安全系数
GB 150	$R_m/2.7$，$R_{eL}/1.5$，$R_{eLt}/1.5$，$R_{Dt}/1.5$，$R_{nt}/1.0$
JB 4732	$R_m/2.6$，$R_{eL}/1.5$，$R_{eLT}/1.5$

4.4.1.3　低温压力容器规定

压力容器在低温条件发生的破坏主要是材料在低温条件下韧性下降，在厚度无明显减薄情况下，导致设备脆性断裂。因此，各国在低温条件下使用的压力容器的设计和制造都提出了防止脆性断裂发生的措施。

国内 GB 150 标准中，针对低温压力容器的脆断危害，要求对于设计温度低于-20℃的压力容器,其受压元件用钢在小于或等于其设计温度下进行低温夏比冲击试验;结构设计时减小应力集中,各类焊接接头尽量采用全焊透形式。当钢材厚度超过一定数值时,采用焊后热处理。

当设计温度低于-40℃或焊接接头厚度大于 25mm 的设备,必须进行 100% RT 或 UT 检测,当进行局部无损检测的,检测比例至少为 50%,而对于符合低温低应力工况的设备则不必遵循上述规定。

4.4.1.4　国内常用压力容器标准

在压力容器生产制造中常用到的标准、规程有主要有《固定式压力容器安全技术监察规程》(简称《容规》)、GB 150《钢制压力容器》、JB/T 4710《钢制塔式容器》、JB/T 4731《钢制卧式容器》、HG 20584《钢制化工容器制造技术要求》、HG 20583《钢制化工容器结构设计规定》,另外还有一些压力容器受压元件和零部件标准,如封头、补强圈、法兰、人孔、支座、吊耳、液位计等标准。

焊接作为压力容器制造中一个重要的质量控制环节,又有相应的一系列标准,如 NB/T 47014—2011《承压设备焊接工艺评定》、NB/T 47015—2011《压力容器焊接规程》。

A　《固定式压力容器安全技术监察规程》

《固定式压力容器安全技术监察规程》,即《容规》界定了压力容器的范围并进行了分类,即哪些容器受质量技术监督局监检。从材料、设计、制造、安装、使用、定期检验等方面进行规定,其中第四章关于制造的内容从通用要求、焊接、试板、外观要求、无损检测、焊后热处理、试压试漏等几方面作了规定。《容规》对压力容器制造提出了基本要求,可概括为对制造单位的资质要求,应出具哪些出厂资料,以及对焊接工艺评定、焊工及其钢印、焊缝返修的要求,对无损检测方法的选择、检测比例的确定、试压试漏等内容的要求。

B　GB 150《钢制压力容器》

GB 150 标准与《容规》二者的关系,《容规》相当于纲要,是制造压力容器必须遵守的基本规范。但这一规范未涉及容器各部件制造的具体要求,而 GB 150 标准则对压力容器的制作过程进行了规定并提出了具体的技术要求。

GB 150 标准的适用范围是设计压力:0.1~35MPa;设计温度:-196~700℃;不适用核能装置、直接火焰加热容器和移动式容器。其管辖范围包括容器壳体及与其连为整体的受压零部件:

(1) 容器与外部管道连接,包括焊缝连接第一道环向焊缝端面;法兰连接第一个法兰密封面;螺纹连接第一个螺纹接头端面;专用连接件第一个密封面。

(2) 接管、人孔、手孔等的封头、平盖及紧固件。

(3) 非受压元件与受压元件焊接接头(如支座、垫板、吊耳等)。

(4) 连接在容器上的超压泄放装置。

压力容器制造的主要工序包括:划线、下料、卷筒、组对、焊接、校圆、检验检测、试压试漏等。在安排设备生产制造之前,技术人员首先应对设计图纸进行审查,并根据设计蓝图编制制造工艺、焊接工艺、探伤工艺及热处理工艺。而上述标准或规程是工艺编制人员的技术依据。在编制工艺时,熟悉各项标准是编制正确而合理的工艺的前提。

GB 150 标准适用设计压力≤35MPa 的钢制容器,对压力容器的焊缝进行了分类。其在"制造、检验与验收"中，从总则、冷热加工成型、焊接、热处理、试板、无损检测、试压试漏几个主要方面进行具体规定。GB 150 标准与《容规》结构框架类似，还增加了冷热加工成型的内容，对封头、筒体、法兰、紧固件等在制造过程中的技术要求作了规定，其中最主要的是对筒体的制作工艺进行了详细具体的规定，如对筒体卷制和组对时的错边量、棱角度、圆度、直线度和削薄处理的规定。

GB 150 标准是编制压力容器制造工艺的主要依据。但 GB 150 标准对封头及法兰的规定比较简单，主要对封头的拼接焊缝作了规定，而对封头及法兰在编制制造工艺时主要依据相应的部件标准，即 JB/T 4746《钢制压力容器用封头》、JB/T 4700《容器法兰》和 HG 20592《钢制管法兰》标准，这些标准由总体到具体，环环相扣，在压力容器制造过程中经常用到，压力容器制造单位的技术人员对这些常用标准必须非常熟悉，透彻理解，并能与实际生产紧密结合，从而达到正确指导生产的目的。压力容器制造单位必须严格依据国家或行业标准、规范从事压力容器的生产制造。

a 设计参数

GB 150 标准中规定的主要设计参数见表 4-61。

表 4-61 主要设计参数（GB 150）

序号	参数	说　明
1	压力	p_w：正常工况下，容器顶部可能达到的最高压力； p_d：与相应设计温度相对应作为设计条件的容器顶部的最高压力，$p_d \geqslant p_w$； p_c：在相应设计温度下，确定元件厚度压力（包括静液柱）； p_t：压力试验时容器顶部压力； p_{wmax}：设计温度下，容器顶部所能承受最高压力，由受压元件有效厚度计算得到； p_z：安全泄放装置动作压力； $p_w < p_z \leqslant (1.05 \sim 1.1) p_w$； $p_d \geqslant p_z$
2	温度	T_w：在正常工况下元件的金属温度，实际工程中，往往以介质的温度表示工作温度； T_t：压力试验时元件的金属温度，工程中也往往以试验介质温度来表示试验温度； T_d：在正常工况下，元件的金属截面的平均温度，由于金属壁面温度计算很麻烦，一般取介质温度加或减 10~20℃得到
3	壁厚	δ_c：计算厚度，由计算公式得到保证容器强度，刚度和稳定的厚度； δ_d：设计厚度，$\delta_d = \delta_c + C_2$（腐蚀裕量）； δ_n：名义厚度，$\delta_n = \delta_d + C_1$（钢材负偏差）$+ \Delta$（圆整量）； δ_e：有效厚度，$\delta_e = \delta_n - C_1 - C_2 = \delta_c + \Delta$； δ_{min}：设计要求的成形后最小厚度，$\delta_{min} \geqslant \delta_n - C_1$ （GB150　3.5.6 壳体加工成型后最小厚度是为了满足安装、运输中刚度而定；而 δ_{min} 是保证正常工况下强度、刚度、寿命要求而定）； $\delta_坯$：坯料厚度 $\delta_坯 = \delta_d + C_1 + \Delta + C_3$ （其中：C_3 制造减薄量，主要考虑材料（黑色、有色）、工艺（模压、旋压、冷压、热压），所以 C_3 值一般由制造厂定）

b　开孔补强

开孔补强设计指采取适当增加壳体或接管厚度的方法将应力集中系数减小到某一允许数值。

开孔补强设计准则有弹性失效设计准则（等面积补强法）和塑性失效准则（极限分析法）两种。

等面积补强是壳体因开孔被削弱的承载面积，须有补强材料在离孔边一定距离范围内予以等面积补偿。其设计原理是以双向受拉伸的无限大平板上开有小孔时孔边的应力集中作为理论基础的，即仅考虑壳体中存在的拉伸薄膜应力，且以补强壳体的一次应力强度作为设计准则，故对小直径的开孔安全可靠。

等面积补强法的优点是经过长期实践经验，简单易行，当开孔较大时，只要对其开孔尺寸和形状等予以一定的配套限制，在一般压力容器使用条件下能够保证安全，因此不少国家的容器设计规范主要采用该方法，如 ASME Ⅷ-1 和 GB150 等。但等面积补强法没有考虑开孔处应力集中的影响，没有计入容器直径变化的影响，补强后对不同接管会得到不同的应力集中系数，即安全裕量不同，因此有时显得富裕，有时显得不足。

需要指出的是，当强度裕量满足一定条件时，开孔可不予补强，即接管和壳体实际厚度大于强度需要的厚度、接管根部有填角焊缝、焊接接头系数小于1但开孔位置不在焊缝上等，上述因素相当于对壳体进行了局部加强，降低了薄膜应力，从而也降低了开孔处的最大应力。因此，对于满足一定条件的开孔接管，可以不予补强。

GB150 规定了开孔直径范围，如表 4-62 所示，并规定在椭圆封头或碟形封头过渡部分开孔时，其孔的中心线宜垂直于封头表面；尽量不在焊缝上开孔，如果避不开必须在焊缝上开孔时，则在开孔中心为圆心，以 1.5 倍开孔直径为半径的圆中所包容的焊缝，必须进行 100% 的探伤（图 4-7）。

表 4-62　对开孔直径的限制

开孔部位	允许开孔孔径
简体	$D_i \leqslant 1500\text{mm}$：$d \leqslant D_i/2$，且不大于 520mm； $D_i > 1500\text{mm}$：$d \leqslant D_i/3$，且不大于 1000mm
凸形封头	$d \leqslant D_i/2$
平板形封头	$d \leqslant D_i/2$
锥形封头	$d \leqslant D_i/3$

注：此处的 D_i 是指开孔中心处锥体内直径。

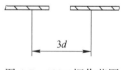

图 4-7　100% 探伤范围

开孔补强如图 4-8 所示，相关计算见表 4-63。

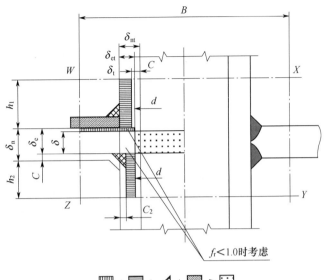

图 4-8 开孔补强

(矩形 *XYZW* 为有效补强区)

表 4-63 开孔补强的计算

参 数	计 算 方 法
有效宽度 B	$B = 2d$；$B = d + 2\delta_n + 2\delta_{nt}$（取二者中较大值） 式中　B——补强有效宽度，mm； 　　　δ_n——壳体开孔处的名义厚度，mm； 　　　δ_{nt}——接管名义厚度，mm； 　　　d——开孔直径
外侧有效高度	$h_1 = \sqrt{d\delta_{nt}}$ 式中　h_1——接管实际外伸高度；按式计算，取式中较小值
内侧有效高度	$h_2 = \sqrt{d\delta_{nt}}$ 式中　h_2——接管实际内伸高度；按式计算，取式中较小值
补强范围内补强金属面积 A_e	$A_1 = (B - d)(\delta_e - \delta) - 2\delta_{et}(\delta_e - \delta)(1 - f_r)$ $A_2 = 2h_1(\delta_{et} - \delta_t)f_r + 2h_2(\delta_{et} - C_2)f_r$ 若 $A_e = A_1 + A_2 + A_3 \geqslant A$，则开孔后不需要另行补强。 若 $A_e = A_1 + A_2 + A_3 < A$，则开孔需要另外补强，所增加的补强金属截面积 A_4 应满足 $A_4 \geqslant A - A_e$ 式中　A_1——壳体有效厚度减去计算厚度之外的多余面积； 　　　A_2——接管有效厚度减去计算厚度之外的多余面积； 　　　A_3——有效补强区内焊缝金属的截面积； 　　　A_4——有效补强区内另外再增加的补强元件的金属截面积；

参　数	计　算　方　法
补强范围内补强金属面积 A_e	A_e——有效补强范围内另加的补强面积（强度裕量），mm^2； δ_e——壳体开孔处的有效厚度，mm； δ_t——接管计算厚度，mm； δ_{et}——接管有效厚度，mm； δ——厚度附加量，mm； C_2——腐蚀裕量，mm

补强材料一般需与壳体材料相同，若补强材料许用应力小于壳体材料许用应力，则补强面积按壳体材料与补强材料许用应力之比而增加。若补强材料许用应力大于壳体材料许用应力，则所需补强面积不得减少。

C　HG 20584《钢制化工容器制造技术要求》

HG 20584 标准在 GB150 标准基础上，进一步完善丰富了压力容器制造规定。HG 20584《钢制化工容器制造技术要求》是在 GB 150 第10章基础上进行的补充和具体化，且以单层压力容器为主。其内容主要包括压力容器材料的要求、开孔位置的要求、相交焊缝的处理规定、补焊要求、支座位置及公差、接管公差、内件支撑圈公差等。各项公差的规定是容器制造完毕后外观检验的依据，有助于制造单位制造出更加规范的设备。

D　HG 20583《钢制化工容器结构设计规定》

HG 20583 标准对设备常见附件如支座、防涡流挡板及焊接结构等的结构设计作了规定。作为设备制造技术人员对容器的一些基本的设计要求应有所了解。

压力容器主要生产工艺流程为：划线下料→检验下料偏差→卷制→检验错边量→校圆→检验圆度及成型情况→各筒节组对→检验错边量、棱角度→检验直线度。在设备的生产制造中，上一道工序是下道工序的保证。任一道工序若有偏差，不但会给后续工序造成困难，而且这种偏差可能是后续工序无法弥补和克服的。各道工序若都能较好控制，符合各项标准技术要求，整个设备制造流程也就会很畅通，这样制作的设备才能更规范。

HG 20584 标准中对外周长公差的规定，可用于正确地指导设备制造的第一道划线、下料工序。根据标准中的规定在下料前及下料后进行尺寸检验，筒节下料展开周长的偏差偏大，会对下一道组对工序造成困难，甚至造成环焊缝对口错边量超出 GB 150 标准范围而导致无法焊接，也影响筒体外观形状。

针对压力容器生产环节中筒节的卷制及组对，必须遵循 GB 150 中对圆度及错边量、棱角度的规定。筒体在卷制焊接成型后，校圆时要严格控制筒体的圆度。若圆度偏大在组对时可能造成强力组对，这在压力容器制造中是不允许的，而且可能会造成与它相焊的部件产生变形或影响设备内件的安装。

4.4.2　美国压力容器标准

美国没有统一的压力容器专项法律法规，压力容器的安全立法体现在各州，分别在州劳动法、行政法、工业法等法律中设置专门的章节（或条款），对承压设备的安全提出要求。只有在地方政府的安全监督部门以法律形式认可的情况下，才能成为法定的控制产品质量的技术法规。压力容器的设计、建造、安装主要依据相关的 ASME 规范和 API 规范的要求进行监督管理，形成了以 ASME 和 API 规范为核心的压力容器类设备安全标准体系。

ASME 规范几乎涵盖了压力容器建造涉及的所有内容，更偏向于封闭式规范，各种不同类型压力容器的设计、制造和检验等方面所需要的内容，基本上都可以在 ASME 的有关各卷找到。

4.4.2.1　分类与适用范围

美国的压力容器分类的法规或标准是 ASME Ⅷ，按 ASME 标准规范分类，依据建造规则将压力容器划分为压力容器建造规则、压力容器建造另一规则和高压容器建造另一规则，各自遵循 ASME 第Ⅷ卷的第 1、2、3 分篇。压力容器的压力适用范围见表 4-64。

表 4-64　美国压力容器的压力适用范围

标准名称	压力适用范围
ASME Ⅷ-1	$p \leqslant 20$MPa，当超过时，需变更或增补规则
ASME Ⅷ-2	不限，但并不包括所有的结构形式，对极高的压力，需变更或增补规则
ASME Ⅷ-3	一般用于 $p > 68.95$MPa 时，但既不旨在规定Ⅷ-1 和Ⅷ-2 的上限，也不旨在规定本册的下限

4.4.2.2　材料标准

ASME 规范把压力容器用材标准列为规范的第Ⅱ卷，是规范的一个重要组成部分。材料范畴十分广泛，包括各种类型的钢板、薄板、钢管（输运性质）、管子（导热性质）、法兰、配件、阀门、螺栓、棒材、钢坯、锻件、铸件、紧固件、焊接材料等。ASME 钢材标准是由供需双方共同编制，且以反映用户的要求为主的标准。在使用过程中规定，非本卷许可的或 ASME CODE CASE 以外的其他材料不得采用。ASTM 有 30 多个压力容器用钢板标准。

对于非螺栓压力容器铁基材料许用应力安全系数见表 4-65。

表 4-65　材料许用应力安全系数

标准名称	铁基材料安全系数
ASME Ⅷ-1	室温 $S_T/3$，$S_Y/1.5$ 高于室温 $S_T/3$，$1.1S_TR_T/3$，$S_Y/1.5$，$S_YR_Y/1.5$
ASME Ⅷ-2	室温 $S_T/2.4$，$S_Y/1.5$ 等于和高于室温 $S_T/2.4$，$R_YS_Y/1.5$，$\min\ (F_{avg}S_{avg},\ 0.85S_{Rmin})$，$1.0S_{Cavg}$
ASME Ⅷ-3	采用极限载荷设计，不出现许用应力

4.4.2.3　低温压力容器规定

针对低温压力容器，美国 ASME Ⅷ标准中规定：需根据材料的类别、最低设计温度和厚度判定是否需要进行冲击试验，但当压力容器处于低应力状态，并且进行了不在规范规定的焊后热处理工艺的压力容器，在一定条件下免除冲击试验的条件可以放宽，而且某些中低强度的碳钢和低合金钢一定条件下免除冲击试验。

当容器在低于某一温度下运行，或需要对材料进行冲击试验时，容器的各类焊接接头要符合以下规定：

（1）最低设计金属温度、应力比值和最大纤维伸长率满足一定条件时，进行焊后热处理。

（2）确定容器中各元件确定的允许最低设计金属温度，取其中的最高值作为该容器允许的最低设计金属温度。

4.4.3　欧盟压力容器标准

欧盟为了统一压力容器的管理和方便欧盟内成员国相互之间的贸易，颁布了 97/23/EC《承压设备法规》（PED），同时，为了贯彻该法规的执行，又发布了 EN 13445《非直接接触火焰压力容器》标准，对压力容器的设计、制造、安装、使用、检验等环节提出了具体要求，并已形成完整的安全法规体系。

EN 13445 在总体结构上趋向于 ASME 规范，其中也包括了各种不同类型压力容器的内容，但是，也需要一些材料和焊接标准作配合。

4.4.3.1　分类与适用范围

欧盟压力容器分类的法规或标准依据 PED《承压设备法规》规定，根据承压设备的危险程度，即最大允许压力、容积或公称尺寸、流体类别和用途，将其划分为 Ⅰ 、Ⅱ 、Ⅲ 、Ⅳ 四类。易爆、高度易燃、易燃、可燃、剧毒、有毒和助燃流体为第一类流体；其余都属于第二类。压力容器的压力适用范围遵循 EN 13445 标准：$p \geqslant 0.05\text{MPa}$，但也包括更低压力或真空。

4.4.3.2　材料标准

EN 材料标准同我国的材料标准体系有些类似，主要是根据材料的不同形式加以区分编制。如钢板、钢管和锻件等，通过 EN 13445 中所引用相关材料标准来构成一个完整的体系。

EN 压力容器用钢板标准的系列完整、分类清楚、数量不多。EN 10028 压力容器用钢板包含 7 个部分，即 7 个标准。ISO 9328 压力容器用钢板则包含 5 个部分，内部与 EN 10028 基本一致。

对于非螺栓压力容器铁基材料许用应力安全系数见表4-66。

表 4-66　材料许用应力安全系数

标准名称	铁基材料安全系数
EN 13445	设计条件下： 非奥氏体钢：$R_m/2.4$，$R_{p0.2}/1.5$ 奥氏体钢（$A \geqslant 30\%$）：$R_{p1.0}/1.5$ 奥氏体钢（$A \geqslant 35\%$）：$R_{p1.0}/1.5$ 或 $\min\ (R_m/1.2,\ R_{p1.0}/1.2)$
	试验条件下： 非奥氏体钢：$R_{p0.2}/1.05$ 奥氏体钢（$A \geqslant 30\%$）：$R_{p1.0}/1.05$ 奥氏体钢（$A \geqslant 35\%$）：$\max\ (R_m/2,\ R_{p1.0}/1.05)$

4.4.3.3　低温压力容器规定

针对低温压力容器，欧盟 EN 13445 标准中有两种情形的规定：

一是在限定材料厚度前提下根据材料类别、R_{eL} 和厚度确定冲击试验温度下的冲击功，冲击试验温度根据最低设计金属温度和元件所承受的应力水平并加上一定的温度余量来确定；二是根据最低设计金属温度和元件厚度确定冲击试验温度，在该冲击试验温度下进行冲击试验，冲击功需要满足要求。

当上述两种方法无法满足要求时，采用断裂力学分析的办法。由于标准中只是比较原则性的提及，因此需要相关各方认可。

4.4.4 PED 指令

PED 指令，即压力装置技术规程（Pressure Equipment Directive），从 2002 年 5 月在欧洲强制执行。凡设计压力超过 50kPa 的设备，无论容积大小都必须符合 PED 规定。欧洲以外国家的压力装置进入欧洲市场之前，均需进行 PED 认证。PED 所指的压力装置包括压力容器、蒸汽锅炉、压力管道、压力装置承压件。

PED 是欧盟众多指令中针对承压设备的指令，对承压设备基本安全要求（ESRs）做了规定，保持了欧盟承压设备的现有安全水平。其适用于最高工作压力大于 50kPa 的承压设备和成套设备的设计、制造和合格评估。

按照 WTO 的非歧视原则和国民待遇原则，为消除贸易壁垒，确保产品的自由流通，产品的技术标准将是非强制性的，但是出于安全、健康或环境保护等原因，各国政府可以制订强制性的产品技术法规。PED 就是欧共体成员国针对承压设备安全问题在法律上取得一致而公布的强制性法规。产品技术标准不是强制性的，除非用户指定。制造者可自由选择任一技术标准，包括中国标准（如 GB 150）。是否遵守标准不会强制，只是推荐。但 PED 范畴的所有承压设备均必须强制性地满足指令中规定的基本安全要求。

PED 的意义在于用一个统一的认证方案代替欧共体成员国原有的规则，它对承压设备的设计、制造和符合性评审要求适用于欧共体的所有成员国。CE 标志是一种象征（图4-9），表明其符合有关指令的要求，可以自由地进入欧洲市场和投入使用。

图 4-9 CE 标志

4.4.4.1 一般安全要求

（1）承压设备的设计、制造和检验、包括装配和安装，必须按制造商的说明书或可以预见的合理条件确保安全性。

（2）制造商在选择合适的解决方案时，必须按下列次序进行：

首先，设计生产过程中用合理的方法根除或减小危险性（结构总体设计、材料选择、加工），尽量减小危险性。

其次，如果危险实在不能完全根除，对不能根除的危险采取适当的保护措施（主要采用必要安全装置，如泄压阀）。

最后，如果保护措施可行，还要通知用户尚存在的危险，并指出是否在安装、使用时有必要采取特殊措施，以减小危险性。有运行指南中专门进行说明。

（3）对装置进行风险性分析，如果知道或可以清楚地预见到有可能误用，则在承压设备进行设计时必须防止。

4.4.4.2　基本安全要求

PED 指令的基本安全要求主要从设计（如强度、可靠性）、加工（如组件的加工）、检验（如压力试验、验收）、标记/验收标识（制造厂商的验收标识）、指南（运行指南）、材料（如专家鉴定）等方面进行规定。

A　设计方面

在设计承压设备时，必须考虑所有相关因素，确保承压设备在整个预期寿命内安全。设计必须用综合的方法加入相应的安全系数，以适当的方法针对所有相关失效模式，加入足够的安全裕量。这就要求充分考虑装置内/外压力，环境和操作温度，介质种类、运输，风和地震载荷，支架、附件、管道等的反作用力和力矩，腐蚀和疲劳等。并且必须考虑可能同时出现的各种载荷，考虑它们同时出现的可能性。

设计不单单考虑载荷，操作过程、使用过程的安全性均需要考虑。比如，承压设备规定的操作方法必须预防任何合理可预见的设备操作危险。真空塌陷、腐蚀或无控制的化学反应，在操作和试验阶段特别是压力试验阶段，必须进行考虑，对承压设备设置足够的排放和放空方法，以便能够进行安全的清扫、检查和维修。如果可能产生严重的冲蚀或磨损，进行适当设计减小这些影响，如增加材料厚度或采用内衬或涂覆材料，也可以设计成允许对影响最严重的零件进行更换。

B　加工方面

从加工生产制造角度，必须确保采用适当的工艺和相关程序来保证安全，零件制造（如成型和倒角）时不允许出现缺陷或裂纹，或产生可能对承压设备安全有损害的力学性能变化，如热切割边缘、表面划痕等。

焊接接头必须清除所有对设备安全有害的表面或内部缺陷。除非在设计计算时已特别考虑了其他相关性能值、残余应力或者缺口效应的影响。

对承压设备，永久性连接，必须由有资格的人员根据合适的操作规程来完成。

C　检验方面

生产过程的的无损检测必须由有资格的人员进行。其人员必须由成员国认可的第三方机构批准。

必须制定和保持合适的程序，对制造提供耐压能力的设备零件材料用合适的方法进行标识，这种标识应贯穿材料验收、生产过程直至制成的承压设备最终试验，以便以后的可追溯性。我们一直在说，对于特种设备的生产，焊接人员具有终身责任制，所以每个环节相应的标识盖章签字过程必不可少。

承压设备的设计和制造必须保证所有确保安全所需的检验均能顺利进行；必须有有效的方法确定设备的内部状况，如有必要，为确保设备的持续安全性，则应设置通道，允许人员进入承压设备内部，安全地进行相应检查。

承压设备的最终评审必须包括压力负载方面的试验，通常采取水压试验的方式，试验压力至少（可行时）应等于标准规定的数值。如果水压试验有害或不能实践，可采用其他认可压力值的试验。对组合件的最终评审也必须包括对安全装置的检验，检验是否完全符合要求。

D　标记、标识方面

标记和标签，按照指令完成的设备，除了 CE 标签，还应该有自己的标识。对所有承压设备：制造商或其在欧共体的授权代表的名称、地址或其他识别方法，制造年份，对承压设备品种的识别，如类型、系列号或批次，基本的最大/最小允许极限。承压设备容积

$V(L)$、公称管道尺寸 D_N、以 Pa 为单位的试验压力 P_T 和日期等信息。

CE 标志是一种证明，贴附有 CE 标志的产品代表其符合有关指令的基本安全规定，可以自由地在欧洲市场中流通。CE 标志系由承担宣告产品符合 PED 责任的厂商（或其在欧盟国家所指定的代表）自行贴附。CE 标志高度不小于 5mm。

E　指南方面

基于安全的基本要求，如果承压设备投放市场，则必须给用户附带相关的使用说明书，包括全部必需的安全信息：其承压设备不同部件的组装，投入服务、使用、维护以及用户检查；必要时还可附带为充分理解说明书所必要的技术文件、图纸和图表。

F　材料方面

材料也是保证安全的重要环节。对于材料，除非可预见的更换，制造承压设备的材料必须胜任其预期的寿命。选择材料必须具有合适的性能，满足可预见的操作条件和所有试验条件，尤其是必须有足够的塑性和韧性。低温，要有足够的低温韧性；高温，就要高温性能好。对装入承压设备的流体有足够的抵抗化学侵蚀的能力；不会因老化而受严重影响；当各种材料组合在一起时，选择材料应避免严重的不良影响。焊后出现影响接头性能的化合物等。

从制造者角度出发，设备制造商必须得到材料制造商证明所有材料符合材料规范的文件。对于Ⅱ、Ⅲ、Ⅳ类设备的主承压件，必须得到特殊产品控制证书。不是随便一个企业都能生产压力容器，必须具备相应资质。相应资质呢，包括设备、场地、人员等。如果材料制造商有一个合适的质量保证体系，由欧共体的一个权力机构认证并通过对材料的专门评审，则该制造商签发的证书被认为符合本节的有关要求。

PED 认证允许采用三种类型的材料，分别是符合欧洲协调标准的材料、获得欧洲批准的材料、通过特殊批准的材料。

国内制造企业很难获得按欧洲协调标准生产的材料，其他国家标准（如美国 ASME，中国 GB、YB）材料，要获得欧洲批准，在程序上是可能的，但实践中包括 ASME 规范中的成熟材料在内，迄今尚无一项获得欧洲批准。因此，在实际生产中可行的途径是通过授权机构执行材料评定，获得材料特殊批准证书（PMA），用于产品制造。

通常，由授权机构颁发Ⅲ类或Ⅳ类设备的 PMA，由制造者颁发Ⅰ类和Ⅱ类 PMA。

授权机构将审核制造商提供的材料申请及采购文件、材料供应商评审、材料质量证书、必要时进行的附加试验记录和材料验收检验记录。授权机构将对符合要求的材料向制造商颁发材料特殊批准证书（PMA）。此证书仅限该制造商使用，对其他企业无效。

4.4.4.3　设备的分类

PED 指令中，设备的分类主要取决于下列参数：

（1）设备的类型：锅炉、压力容器、管道、承压附件（如阀门、压力计等）、安全附件（如安全阀、爆破片等）。

（2）流体（气体、液体、蒸汽等）的性质：根据危险程度分成两组。第 1 组为危险性（易燃、易爆、有毒、氧化的）流体，第 2 组为非危险性流体。

（3）最高许用压力：P_S（Pa）。

（4）容积或公称直径：V（L）或 D_N（mm）。

实际生产中，虽然压力容器的压力很大，但体积小的时候，危害也是有限的。所以很多时候是把压力与容积的乘积作为分类的一个评判标准。

通过这些承压装置的类型、介质性质、体积、压力，或者可以说危险性的大小，将承压装置分为 4 级。具体可分为 9 大模块，如图 4-10 所示。

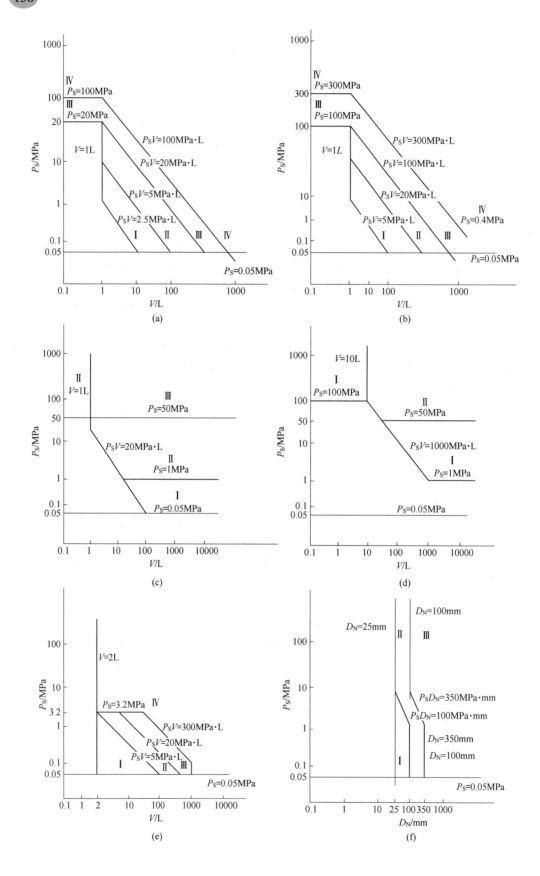

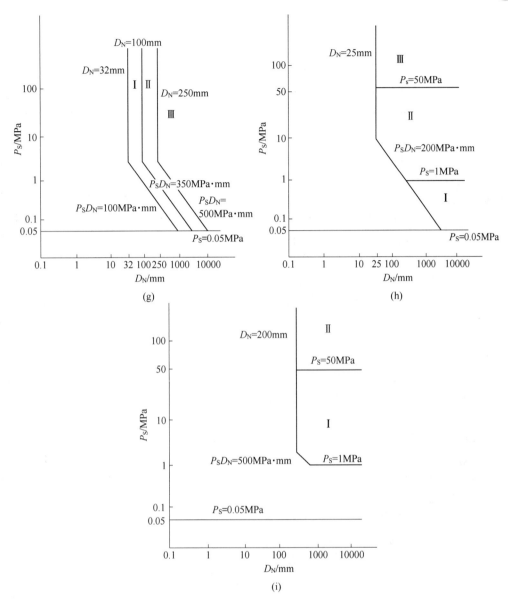

图 4-10　设备的分类模块

（a）容器介质为危险性气体；（b）容器介质为非危险性气体；（c）容器介质为危险性液体；（d）容器介质为
非危险性液体；（e）锅炉以火加热或以其他方式加热的压力设备且有发生超过110℃的蒸汽或热水的危险，
且内容积大于2L，以及所有的压力蒸煮锅；（f）管道介质为危险性气体；（g）管道介质为非危险性气体；
（h）管道介质为危险性液体；（i）管道介质为非危险性液体

　　低于Ⅰ类的承压设备或组合体必须按成员国优质工程标准设计和制造，提供充分的使用说明书和制造商标志。这种承压设备或组合件不得带有 CE 标志。

4.4.4.4　认证模式

　　通过这些承压装置的类型、介质性质、体积、压力，或者可以说危险性的大小，将承压装置分为4级。完成承压设备类别的判定后，根据实际情况选择合适的认证模式。在进行评审或者认证的时候，不同等级有不同的评审模式，具体如表4-67所示。

表 4-67　认证模式的规定

设备分类	评审模式				
Ⅰ	A				
Ⅱ	A1	D1	E1		
Ⅲ	B1+D	B1+F	B+E	B+C1	H
Ⅳ	B+D	B+F	G	H1	

认证模式总共分为 13 种，其中：

（1）模式 A（内部生产控制）：该模式要求制造商编制技术文件，包括承压设备的总体描述、设计图纸、强度计算书、采用的标准清单、检验结果、试验报告等。制造商在每台承压设备上打 CE 标志并提出书面的符合性声明。此模式不需要授权机构（notified body）执行评审。对于 1 类容器，危害较小，可以采用这种评审模式。

（2）模式 A1（带最终评定监督的内部制造检验）：除模式 A 要求外，由制造商执行最终评定（最终检验和压力试验），授权机构对正在制造或已完成的承压设备进行不定期的监督抽查。除 CE 标志和符合性声明外，体现授权机构的责任，在每台承压设备上打授权机构识别号。比如英国授权机构还是德国授权机构，打上相应的标志号。Ⅱ级容器可以采用这种认证模式。

（3）模式 B（EC 形式批准）：这种模式不再由制造商自己证明，而是由授权机构证明制造商生产的代表性样品满足指令要求。除模式 A 要求外，增加了制造过程的内容。授权机构将对不符合欧洲协调标准或欧洲批准的材料，执行评审并核查材料制造商颁发的证书；批准永久性连接（焊接）工艺；验证焊接和 NDT（无损检测）人员已按规定进行资格评定和批准；同时，验证样品制造符合技术文件规定。这种模式经常与其他模式一起使用。授权机构将颁发 EC 形式批准证书，有效期 10 年。

（4）模式 B1（EC 设计批准）：由授权机构证明一台承压设备产品的设计满足指令要求。除不需要验证代表性样品符合技术文件规定外，授权机构的评审项目同模式 B。一般也是与其他模式联合使用。

（5）模式 C1（形式符合）：制造商保证承压设备符合 EC 形式批准证书所述的形式和满足指令要求。授权机构对正在制造或已完成的承压设备进行不定期的监督抽查。在每台产品上打 CE 标志、授权机构识别号，并出具书面的符合性声明。

（6）模式 D（生产质量保证 ISO 9002）：制造商按批准的质量体系（ISO 9002）进行生产、最终检验和试验，保证承压设备符合 EC 形式批准证书或 EC 设计批准证书所述的形式和满足指令要求。授权机构将评审质量体系，判断其是否符合要求。授权机构必须对质量体系进行定期审核，每 3 年完成一次全面复审。授权机构还将对制造商执行不定期的监督检查，以验证质量体系的正常运转。可与 B1 或 B 联合使用。

（7）模式 D1（生产质量保证 ISO 9002）：按模式 A 编制技术文件（包括承压设备的总体描述、设计图纸、强度计算书、采用的标准清单、检验结果、试验报告等）。制造商按批准的质量体系（ISO 9002）进行生产、最终检验和试验，保证承压设备符合指令要求。其余同模式 D。比 D 多出一个设计部分。可以用于 2 级容器。

（8）模式 E（产品质量保证 ISO 9003）：制造商按批准的质量体系（ISO 9003）进行最终检验和试验，保证承压设备符合 EC 形式批准证书所述的形式和满足指令要求。其余同模式 D。

（9）模式 E1（产品质量保证 ISO 9003）：按模式 A 编制技术文件。制造商按批准的质量体系（ISO 9003）进行最终检验和试验，保证承压设备符合指令要求。其余同模式 D。

（10）模式 F（产品验证）：制造商保证承压设备符合 EC 形式批准证书或 EC 设计批准证书和指令要求。授权机构对每台产品执行检查和试验，以验证其形式符合和满足指令要求。重点验证焊接人员和 NDT 人员已按规定进行资格评定和批准；材料制造商签发的证书；产品的最终检验和验证试验（压力试验）以及安全装置的检查。

每台产品打 CE 标志、授权机构识别号，并出具书面的符合性声明。授权机构签发产品的符合证书。

（11）模式 G（单台验证）：制造商按模式 A 编制技术文件。授权机构检验每台承压设备的设计和结构，并在制造时按相关标准进行检验和试验。授权机构的检验内容除模式 B 的项目外，包括最终检验和验证试验（压力试验）以及安全装置的检查。每台产品打 CE 标志、授权机构识别号，并出具书面的符合性声明。授权机构签发产品的符合证书。用于 4 级容器。

（12）模式 H（全面质量保证 ISO 9001）：制造商按批准的包括设计、制造、最终检验和试验的质量体系（ISO 9001）执行，保证承压设备符合指令要求。授权机构对质量体系的评审、定期审核和不定期的监督检查，同模式 D 每台产品打 CE 标志、授权机构识别号，并出具书面的符合性声明。该认证模式用于 3 级容器。

（13）模式 H1（带设计批准和最终评定特定监督的全面质量保证 ISO 9001）：除模式 H 的要求外，还需补充：制造商向授权机构提出设计批准申请，经评审符合指令要求后，由授权机构颁发 EC 设计批准证书。授权机构通过不定期访问，对制造商执行的最终评定（最终检验和压力试验）执行监督检验。用于 4 级容器。

对比这些模式可以看出，级别越高的容器，授权机构介入的内容越大。级别越低，制造商自主范围就越大。这些模式主要针对不同级别的装置（9 大模块）。

4.4.4.5　确定安全评估模式的依据

确定安全评估模式的依据与方式见表 4-68。

表 4-68　确定安全评估模式的依据

顺序	依　据	说　明
1	9 种形式构件（9 大模块）	压力容器—形式 1~4 蒸汽发生器—形式 5 管道—形式 6~9
2	T_{max} 规定：气体或液体	T_{max}—所实施的最高许用温度
3	流体群：组群 1 或组群 2	组群 1—危险流体 组群 2—除组群 1 外的所有流体 对一般压力容器属于组群 1
4	能量确定	压力容器产品—用 P_{max} 和容积表示 管道产品—用 P_{max} 和公称直径表示
5	类别 Ⅰ~Ⅳ 的确定	Ⅰ—模块 A Ⅱ—模块 A1、D1、E1 Ⅲ—模块 B1+D、B1+F、B+E、B+C1、C1、H Ⅳ—模块 B+D、B+F、G、H1

根据形式、温度和流体可以确定安全评估的模块，从而判断出所述级别。制造商可根据承压设备的类别，选择该类所列的符合性评审程序之一，对承压设备进行符合性评审。可行时，制造商也可选择较高类别的符合性评审程序。

4.4.4.6　安全评估程序

PED 指令评估程序为：

（1）分析承压设备类型，判定是否属于排除内容。

（2）最大允许压力是否超过 0.05MPa。

（3）分析承压设备内流体的类型：确定流体类别是气体还是液体，是否具有危险性，判断所述组群。

（4）分析压力设备形式压力容器管路燃火性或其他有过热风险压力加热器：确定压力装置是压力容器、蒸汽锅炉还是管道。

（5）选用判定的表单：根据设备的能量（P 和 L）选择类别，选用判定的表单（从而确定曲线图），确定与之符合的模块，模块确定了相应的评估方法。

（6）类别判定。

在进行对等评估和协调实施工作以后，制造厂商在商务运行之前，必须在各个压力装置上标记"CE—kennzeichnung"（根据质量保证协议），并签发书面协调说明。

压力容器与蒸汽锅炉的评估程序见图 4-11，压力管道与装置配件的评估程序见图4-12。

4.4.4.7　检验规定

检验范围如表 4-69 所示。

表 4-69　检验范围

序号	项　目		内　容
1	初检（制造厂家）	图纸的预检	设计计算、材料和焊接方法的正确使用、设计的合理性、热处理和材料证明
		车间内的制造检验	正确的施工、焊接、热处理；焊工考试、工艺评定、产品试件、无损检验等有效证明的具备，重要构件的安全功能；观察孔及人孔的布置与尺寸；材料壁厚的复验
		压力初检	容器的密封性
		打压试验	现有安全装置和备件、企业现有安全装置的性能、安装的正确性、有否应急装置及其性能
2	定期检验		对Ⅳ和Ⅶ组压力容器：每 2 年进行外部检验；每 5 年进行内部检验；每 10 年进行打压试验
3	特殊情况下的检验		如果出现缺陷则由职业联合会确定； 如果出现缺陷、返修、改变结构形式、改变工作方式、改变使用目的及改变装置时，则由用户提出

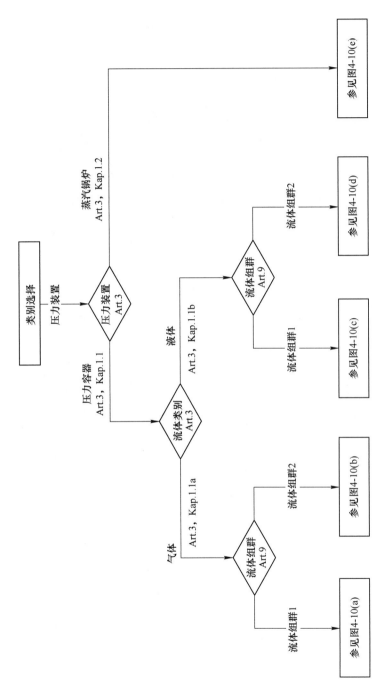

图 4-11 压力容器与蒸汽锅炉的评估程序

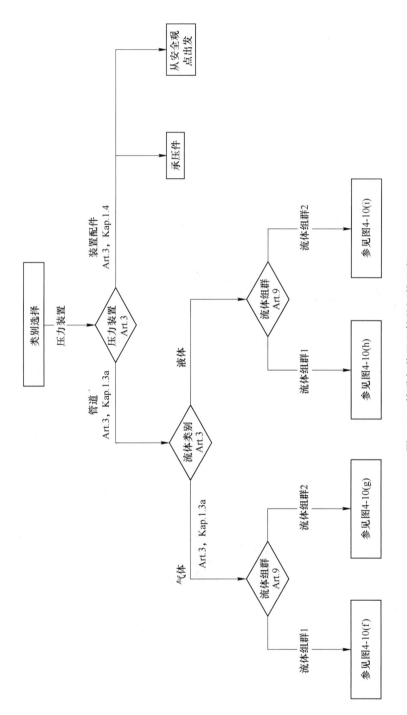

图 4-12　管道与装置配件的评估程序

检验主管机构主要有技术监督局（只设在黑森）、劳动保护局（只设在汉堡）、技术监督协会（按地区划分）、技术监督协会协调委员会（只设在黑森），以及上述主管机构批准和认可的企业或公司。

检验专家由主管机构根据需要指定，要求在通过培训、理论学习取得相应证书及实际工作中积累丰富经验的基础上，可保证按规定进行检验；具备对检验人员要求的可靠性，以及在检验工作中基本没有出现过失误，通过参加国家级或国家认可的培训班，获得相应证书，此证书应随时接受主管部门的审查。

4.4.5　AD 2000 标准

PED 质量是承压设别一个基本规定，可以说是从大的方向进行指导。具体设计是依据 AD 2000 的标准进行的。简单地说，与我国的法律法规级别差不多，也是分了不同级别层次。

欧盟的压力容器法规标准体系由欧盟指令和欧洲协调标准（EN）两层结构组成。欧盟指令是对成员国要达到的目的具有约束力的法律，由成员国把指令转化为成员国本国法律后执行。这些指令规定了压力容器安全方面的基本要求。为使这些基本要求能够得到有效贯彻实施，欧洲标准化组织（CEN）负责起草制定与欧盟指令配套、将指令具体细化的协调标准。

以承压设备指令 PED 为例，欧洲标准化组织（CEN）计划为其配套的协调标准共有 700 多个。PED 指令侧重于产品生产环节，目的是保障安全和减少贸易技术壁垒。因此，支持欧盟指令的协调标准中，产品标准居多（在低温容器和液化气体容器方面涉及安装、使用和检验后续环节）。指令对于成员国具有强制性。EN 标准属自愿性标准，由欧盟成员国将 EN 标准转化为本国标准后（如德国标准 DIN EN 13445）由企业自愿采用。若企业采用了 EN 标准，则被认为其产品满足了指令的基本安全要求，有利于产品进入欧盟市场或在欧盟市场内流通。这些 EN 标准包括有关锅炉、压力容器和工业管道材料、部件（附件）、设计、制造、安装、使用、检验等诸多方面。这是欧盟的法规，两个层次，指令强制执行，协调标准自愿采用。

对于欧盟成员国的压力容器法规标准体系而言，是由欧盟压力容器法规标准和本国法规标准共同构成的体系。欧盟成员国有关压力容器安全管理法律或法规，均采纳了欧盟有关指令要求。而本国标准体系则由转化为本国标准的 EN 标准、本国标准和本国一些协会标准构成。在法律法规方面，德国结合欧盟有关指令制定了有关法规，包括压力容器技术规范（TRB）、承压气体技术规范（TRG）等。TRB 包括了材料、设计、制造、附件、检验、安装、运行、特殊压力容器及压力容器充装设备等方面内容。

在标准方面，德国压力容器标准主要有将欧洲协调标准和 ISO 标准转化为本国标准的 DINEN 和 DINISO 标准、AD 规范、DIN 标准三类。其中 AD 2000 是由德国承压设备协会发布的一个与 PED 指令相配套的规范。

AD 压力容器规范是压力容器行业比较先进的标准之一，由 7 个协会共同制定，在 TRB 之前一直采用的是 AD。两者内容基本相同。可以这样理解，法律法规之下，就是由指令转化成 TTRB 规程，规程下面细化为 AD 规程及事故预防规程，AD 规程再细化为 DIN 标准和规范。

　　压力容器执行的规程为 TRB 300，TRB 由 PED 直接转化为本国规程，AD 属于 TRB 下执行标准之一，锅炉执行规范为 TRD《蒸汽锅炉技术规程》，管道执行规范为 TRR 100《管道技术规程》，具体形式如图 4-13 所示。

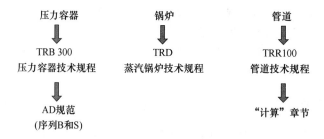

图 4-13　不同设备执行的规程

　　AD 规范即德国压力容器技术规范，是德国国家标准，包括压力容器材料、设计、制造、检验等。AD 规范每三年出版一次新版本，每年补充、修改一次。AD 规范中的大类符号如表 4-70 所示。

表 4-70　AD 规范中的符号标记

AD 规范	符号标记
装备	A
计算	B
基本准则	G
制造	H
制造和检验	HP
非金属材料	N
特殊情况	S
材料	W

　　例如，AD 2000 规范 HP（制造、检验与验收）篇涉及的内容如表 4-71 所示，AD 规范中计算篇涉及的内容如表 4-72 所示。

表 4-71　制造、检验与验收（HP）

标　记	内　　　容
HP0	设计参数，制造及相关检验的基本准则
HP1	设计参数和设计
HP2/1	连接方法的工艺评定，焊接接头的工艺评定
HP2/2	连接方法的工艺评定，堆焊的工艺评定
HP2/3	连接方法的工艺评定，钎焊的工艺评定
HP2/4	连接方法的工艺评定，黏接及其他连接方法的工艺评定
HP3	焊接监督人员，焊工
HP4	无损检验监督人员和检验人员

续表 4-71

标 记	内 容
HP5/1	接头的制造和检验；工作技术准则
HP5/2	接头的制造和检验；焊缝的产品试件检验，母材热处理后和焊接后的检验
HP5/3	接头的制造和检验；焊接接头的无损检验。
HP5/3	对无损检验方法的工艺技术的最低要求
HP7/1	热处理；一般准则
HP7/2	热处理；铁素体钢
HP7/3	热处理；奥氏体钢
HP7/4	热处理；铝及铝合金
HP8/1	钢、铝和铝合金锻件的检验
HP8/2	筒体的检验
HP30	打压试验的实施

表 4-72 计算（B）

标 记	内 容
AD-B0	压力容器计算
AD-B1	内部受压时圆柱体和球体
AD-B2	内外受压的锥形体
AD-B3	内外受压的凸形封头
AD-B4	蝶形封头
AD-B5	无拉紧弯头和板
AD-B6	外部受压的圆锥体
AD-B7	螺栓
AD-B8	法兰盘
AD-B9	圆柱体，球冠体，半球形体上的支管
AD-B10	承受内压的厚壁圆柱体
AD-B13	异形膜组件
ADS1	交变载荷的简化计算
ADS2	交变载荷计算
ADS3/0-S3/7	压力容器可靠性通则
ADS4	应力评估

4.4.5.1 通用规定

（1）用 AD 规程序列 B+S 所包括的计算公式对施压元件进行计算。

（2）按序列 B 和 S3 应视为主要静载荷，交变载荷时（循环次数>1000）应考虑采用序列 S1 或 S2。

（3）材料选择时应考虑 AD-W（材料篇），涉及加工时为 AD-HP（加工和检验）序列。

（4）在规定的书写范围或者特殊的几何图形，必要时可对压力容器尺寸可选择计算方法或运行检验进行选择。

（5）下列规程在适合条件下可供选择：1）ASME 第Ⅷ卷（美国机械工程师协会规程）；2）TEMA 用于管板尺寸计算（美国计算方案）；3）5500，WRC 107 英国标准用于筒身/封头附加负荷计算；4）有限单元法，用于热负荷和壁厚优化等；5）构件的拉长、检查等。

4.4.5.2　设计参数

设计参数如表 4-73 所示。

表 4-73　主要设计参数（AD 2000）

序号	设计参数	说　明
1	设计压力	内部压力加上静态内部压力（当 $p_{静}$ >5% p 运行）； 可能的某一等量的内压转换的附加载荷，例如风力，在按 ADS3/6 计算时壳壁的内压提高 10%
2	检验压力	检验压力最高值按如下规定： 运行压力×1.43 或者运行压力×1.25× R_p/R_pT （考虑设计温度）
3	计算温度	容器壳壁的最高温度，下列温度界限应予特别注意： T_S <-10℃：按 ADW10 在相应的负载条件及安全系数下对计算压力进行修正，采用低温钢或奥氏体钢时应进行检验； T_S >300℃：这里应注意材料使用范围不能超越，如果必要应采用持久强度计算（约 380℃以上）
4	强度特性值 K	铁素体钢：$K=R_{p0.2}$ 奥氏体钢：$K=R_{p1.0}$ 当不再考虑 VDTüV、DIN 标准、O. Ä 时应取 AD-W 给出的强度特性值； 应考虑高温条件下与时间相关的数值，低温时（<-10℃）应注意 AD-W10 给出的数据，并应考虑焊接填充材料的强度性能
5	关于强度特性值 K 的补充说明	计算时应考虑以下三个强度特性值：抗拉强度 σ_b 、屈服强度 σ_s 、持久强度 σ_d^t
6	安全系数 S	考虑使用的材料性能，例如内压 $S=1.5$ 、外压 $S=1.8$ 、塑性变形 $S=1.6$ 等
7	许用应力 σ_{zul}	许用应力为在计算温度下的强度特性值除以安全系数，即 $\delta_{zul}=K/S$
8	材料	必须满足下列最低要求：最低设计温度时，冲击功≥27J，断裂伸长率≥16%
9	焊缝减弱系数 V	在许用计算应力下的坡口连接时，一般 V =85%、100%，它与检验范围、材料、壁厚、热处理等有关
10	壁厚补偿 C_1+C_2	C_1 ——加工时的壁厚补偿（半成品），铁素体钢加工公差补偿根据制造过程取值，例如：奥氏体钢时 C_1 =0mm； C_2 ——使用补偿，铁素体钢一般为 1mm（S >30mm 除外），奥氏体钢一般为 0mm，个别情况根据相应的运行条件要求进行补偿。 影响因素：表面保护、流体性质、机械磨损等

4.4.5.3 内部受压的管状或圆柱形筒体

当进行内部受压的管状或圆柱形筒体压力容器的设计时，相应的设计应力与公式如表4-74 所示。

表 4-74 内部受压的管状或圆柱形筒体的压力容器相关计算

序号	名称	图示	公式	说明
1	周向应力 $\overline{\sigma_u}$		$\overline{\sigma_u} = d_i p / (2s)$ 式中 $\overline{\sigma_u}$——周向应力； d_i——内径； s——壁厚； p——压强	
2	纵向应力 $\overline{\sigma_l}$		$\overline{\sigma_l} = d_i p / (4s)$ 式中 $\overline{\sigma_l}$——纵向应力； d_i——内径； s——壁厚； p——压强	通过内部压力的作用，周向应力是纵向应力的 2 倍，因此纵缝所受的横向拉伸载荷是环缝的 2 倍
3	径向应力 σ_r		$\overline{\sigma_r} = -p/2$ 式中 $\overline{\sigma_r}$——平均径向应力； p——压强	内部压力沿径向作用，在管内表面产生一压应力 $-p$，至外表面径向应力减小到零
4	壁厚		$s = \dfrac{D_a p}{20K/SV + p} + C_1 + C_2$	K——强度特性值，N/mm²； S——安全系数； V——焊缝减弱系数； C_1, C_2——壁厚补偿，mm； s——要求的壁厚，mm； p——最大工作压力，N/mm²
5	凸形封头壁厚	（1）球冠形封头：$R=D_a$；$r=0.1D_a$ （2）蝶形封头：$R=0.8D_a$；$r=0.154D_a$ （3）半球形封头：$R=0.5D_a$；$r=R=0.5D_a$	$s = \dfrac{D_a p \beta}{40K/SV} + C_1 + C_2$	s——计算壁厚，mm； D_a——外径，mm； p——最大工作压力，N/mm²； K/S——许用应力，N/mm²； V——焊缝减弱系数； C_1, C_2——壁厚补偿，mm； β——计算特性值

4.4.5.4　开孔补强

压力容器的开孔部位筒节需要补强，可采用增加开孔部位筒壁厚度、增加接管壁厚、采用补强圈加强等措施，具体如表 4-75 所示，相关计算见表 4-76。

表 4-75　开孔补强的措施

序号	措施	结 构 图 示	特 点	应 用
1	补强圈补强	补强圈贴焊在壳体与接管连接处	结构简单，制造方便，使用经验丰富。 （1）与壳体金属之间不能完全贴合，传热效果差，在中温以上使用时，存在较大热膨胀差，在补强局部区域产生较大的热应力； （2）与壳体采用搭接连接，难以与壳体形成整体，抗疲劳性能差	静载、常温、中低压、材料的标准抗拉强度低于 540MPa、补强圈厚度小于或等于 $1.5\delta_n$、壳体名义厚度 δ_n 不大于 38mm 的场合
2	厚壁接管补强	在开孔处焊上一段厚壁接管	补强处于最大应力区域，能更有效地降低应力集中系数。接管补强结构简单，焊缝少，焊接质量容易检验，补强效果较好	高强度低合金钢制压力容器由于材料缺口敏感性较高，一般都采用该结构，但必须保证焊缝全熔透
3	整锻件补强	将接管和部分壳体连同补强部分做成整体锻件，再与壳体和接管焊接 **整体锻件**	补强金属集中于开孔应力最大部位，能最有效地降低应力集中系数；可采用对接焊缝，并使焊缝及其热影响区离开最大应力点，抗疲劳性能好，疲劳寿命只降低 10%～15%。缺点是锻件供应困难，制造成本较高	重要压力容器，如核容器、材料屈服点在 500MPa 以上的容器开孔及受低温、高温、疲劳载荷容器的大直径开孔容器等

表 4-76 补强措施的有关计算

补强形式	图　　示	相　关　计　算
补强圈补强	开孔补强措施（面积比较法） $S_s-C_1-C_2$　D_i A_{σ_1}　A_{σ_1} b　A_{σ_2}　A_{σ_0}　b A_{σ_0} A_p　A_p	补强需满足的条件： $$\frac{p}{10}\left(\frac{A_p}{A_\sigma}+\frac{1}{2}\right)\leqslant\frac{K}{S}$$ $$A_\sigma = A_{\sigma_1}+A_{\sigma_2}+A_{\sigma_0}$$ $$b = \sqrt{(D_i+s_a-C_1-C_2)(s_a-C_1-C_2)}$$ $$l_s = 1.25\times$$ $$\sqrt{(d_i+s_s-C_1-C_2)(s_s-C_1-C_2)}$$ $$l'_s \leqslant 0.5l_s$$ S_a、S_s 分别为筒身与接管壁厚
筒壁厚度加强	 纵坐标：减弱系数　横坐标：直径功率 壁厚比率：2.0　1.8　1.6　1.4　1.2　1.0　0.8　0.6　0.4　0.2　≤0.1 适用于 $s_a/D_i=0.002$	$$s = \frac{D_a p}{20K/SV+p}+C_1+C_2$$

4.4.5.5　压力容器的设计和制造原则

（1）为减小加热时封闭空间内的压力，如果对构件进行热处理或构件在较高的温度下使用，应在结构决定的封闭的空间上（如加强板、法兰）开通气孔。

（2）由于腐蚀的危险应避免开放的间隙。

（3）用火焰切割的坡口面，如果在焊接时不能完全熔化，则出于淬硬危险将其加工掉。

（4）其他焊缝的间距应保证2.5倍的壁厚。

（5）容器上开孔应布置在距焊缝3倍壁厚以外。

（6）焊接件不应距焊缝过近或焊在焊缝上。

（7）不等厚板允许错边。环缝受力比纵缝小，要求也没有纵缝严格。不等壁厚时允许的错边（双面焊）要求见表4-77。

表4-77　不等壁厚时允许的错边（双面焊）要求

	纵　缝	环　缝
	$e_1 \le 0.15s_1$，最大3mm	$e_1 \le 0.20s_1$，最大5mm
	$e_2 \le 0.30s_1$，最大6mm	$e_2 \le 0.40s_1$，最大10mm
	$s_2 - s_1 \le 0.30s_1$，最大6mm	$s_2 - s_1 \le 0.40s_1$，最大10mm

5 焊接无损检验标准

5.1 焊接缺欠、缺陷与评定标准

5.1.1 焊接缺欠与缺陷

对于工业产品的无损检测来说，检验标准是最重要的工作依据。从工件的检测方法选择、检测过程的注意事项，到工件的最终评定、报告的参数出具，往往都需要遵循一定的、供需双方均认可的标准规范。随着国际合作的不断加强，我们和国外的交流也日益广泛。其中，涉及产品质量验收时，应该遵循何种标准、采取怎样的验收级别，这往往是供需双方讨论的焦点之一。

在 GB/T 6417—2005《金属熔化焊接头缺欠分类及说明》以及 ISO 6520-1《金属熔化焊接头缺欠的分类及说明》等标准中，把焊接接头中因焊接产生的金属不连续、不致密或连接不良的现象称为缺欠，焊接缺陷为超过规定限值的缺欠定义为缺陷。可以这样理解，对于焊接接头的合用性（fitness-for-purpose，FFP）构成危险的缺欠即为缺陷。缺陷是必须予以去除或修补的一种状况。缺陷（defect）意味着焊接接头是不合格的，因而必须采用修理（复）措施，否则就应报废。

缺欠可否容许，由具体技术标准规定，对具体缺欠是否判废，要根据合用性准则（FFP 准则）来判断，如果不能满足具体产品的具体使用要求，则应判为"缺陷"，否则便不应看作"缺陷"，而应视为"缺欠"。简单的说，"缺陷"是没有满足规定的要求或超过合格限的"缺欠"。

焊接缺欠共分为 6 大类，具体见表 5-1。

表 5-1　焊接缺欠的分类

第一类缺欠	裂　　纹
第二类缺欠	孔穴（孔穴、气孔）
第三类缺欠	固体夹杂、夹渣、金属夹杂
第四类缺欠	未熔合和未焊透
第五类缺欠	形状缺欠——咬边、余高过高、凸度、下塌、焊瘤等
第六类缺欠	其他缺欠、飞溅、电弧擦伤等

5.1.2 焊接缺陷评定标准

无损检测的方法主要有外观检测（VT）、渗透检测（PT）、磁力检测（MT）、射线检测（RT）、超声检测（UT）、密封性检测（LT）、涡流检测（ET）、声发射（AT）。

国内外关于焊接结构件的无损检测标准见表 5-2。

表 5-2 国内外无损检测标准

中国标准	GB/T 14693《焊缝无损检测符号》
	GB/T 3323《金属熔化焊焊接接头射线照相》
	GB/T 12605《钢管环缝熔化焊对接接头射线透照工艺和质量分级》
	GB/T 11345《钢焊缝手工超声波探伤方法和探伤结果的分级》
	GB/T 15830《钢制管道对接环焊缝超声波探伤方法和检验结果的分级》
	JB/T 9212《常压钢质油罐焊缝超声波探伤》
	JB/T 6061《焊缝磁粉检验方法和缺陷磁痕的分级》
	JB/T 6062《焊缝渗透检验方法和缺陷磁痕的分级》
	NB/T 47103《承压设备无损检测》
	TB/T 1558《对接焊缝超声波探伤》
	ISO 5817《焊缝钢、镍、钛及各自合金熔化焊接头（除波束焊外）不完整性质量分级》
	ISO 10042《焊缝铝及其合金弧焊接头不完整性质量分级》
	ISO 17636-1《焊缝无损检测射线检测 X 和伽马射线胶片技术》
	ISO 17636-2《焊缝无损检测射线检测 X 和伽马射线电子成像技术》
	ISO 10675-1《焊缝的无损检测 第1部分钢、镍、钛及其合金制品射线检测的评价可接受水平》
	ISO 10675-2《焊缝的无损检测 第2部分铝合金制品射线检测的评价可接受水平》
	ISO 17640《焊缝无损检测超声波检测检测技术、验收等级和结果评估》
	ISO 11666《焊缝无损检测焊接接头超声波检测验收等级》
	ISO 17638《焊接无损检测焊接接头磁粉检测》
	ISO 23278《焊缝的无损检测焊接接头磁粉检测验收等级》
	ISO 3452《无损检测渗透检测》
	ISO 23277《焊缝无损检测焊缝渗透检测验收等级》
美国标准	ASTM E1032《焊接件的射线透照检测方法》
	ASTM E390《钢熔化焊射线检验标准底片》
	ASTM E1648《用于铝熔焊检验的射线照相参考底片》
日本标准	JIS Z3105《铝焊缝的射线照相检验方法和底片评级方法》
	JIS Z3080《铝焊缝超声波斜角探伤方法及检验结果的等级分类方法》
	JIS Z3081《铝管焊缝超声波斜角探伤方法及检验结果的等级分类方法》

5.1.2.1 ISO 17635 标准

ISO 17635：2003（EN 12062：2002）《焊缝无损检测—金属材料熔化焊总则》标准基于质量要求，对有关材料、焊接厚度、焊接程序和检查内容，出于质量管理的目，对焊接的无损检查方法的结果的评估均做出了指导。

在标准附录 A 中列出了 ISO 5817 或 ISO 10042 质量标准和检查技术之间的校正关系，列出了检测水准和无损检测标准的可接受水准之间的质量标准关系，详见表 5-3~表 5-8。

表 5-3　目视检测（VT）

依照 ISO 5817 或 ISO 10042 而确定的质量标准	依照 ISO 17637 而确定的检测技术和水准	可接受的水准[1]
B	未规定水准	B
C	未规定水准	C
D	未规定水准	D

[1] 目视检测方面的可接受水准与 ISO 5817 或 ISO 10042 的质量标准相等。

表 5-4　渗透检测（PT）

依照 ISO 5817 或 ISO 10042 而确定的质量标准	依照 ISO 17637 而确定的检测技术和水准	可接受的水准[1]
B	未规定水准	B
C	未规定水准	C
D	未规定水准	D

[1] 目视检测方面的可接受水准与 ISO 5817 或 ISO 10042 的质量标准相等。

表 5-5　磁粉检测（MT）

依照 ISO 5817 或 ISO 10042 而确定的质量标准	依照 ISO 17638 而确定的检测技术和水准	依照 EN 1291 而确定的可接受的水准
B	未规定水准	2X
C	未规定水准	3X
D	未规定水准	4X

表 5-6　涡流检测（ET）

依照 ISO 5817 或 ISO 10042 而确定的质量标准	依照 ISO 17643 而确定的检测技术和水准	可接受的水准
B		
C	未规定水准	依照合同双方协议确定
D		

表 5-7　射线检测（RT）

依照 ISO 5817 或 ISO 10042 而确定的质量标准	依照 ISO 17636 而确定的检测技术和水准	依照 EN 12517 而确定的可接受的水准
B	B	1
C	B[1]	2
D	A	3

[1] 一次透照的最大区域应参照 ISO 17636：2003 中等级 A 的要求。

表 5-8　铁素体超声波检测（UT）

依照 ISO 5817 或 ISO 10042 而确定的质量标准	依照 ISO 17640[①] 而确定的检测技术和水准	依照 EN 1712 而确定的 可接受的水准
B	至少是 B	2
C	至少是 A	3
D	水准不适用[②]	不适用[②]

①当按合同双方协议要求显现特性时，EN 1713 是适用的。
②未建议采用 UT，但是，可由合同双方协议确定（采用与质量标准 C 相同的要求）。

在 ISO 17635《焊缝无损检测—金属材料一般原则》标准中，推荐了检测方法的选择，具体见表 5-9 和表 5-10。

表 5-9　所有类型焊缝的接近表面缺陷进行检测的一般可接受的方法

材　　料	检 测 方 法
铁素体钢	VT VT 和 MT VT 和 PT VT 和（ET）
奥氏体钢、铝、镍、铜和钛	VT VT 和 PT VT 和（ET）

注：（　）指出有限使用方法。

表 5-10　具有完全焊透的对接和 T 型接头检测内部缺陷通常可接受的方法

材料和连接类型	厚度[①]/mm		
	t≤8	8<t≤40	t>40
铁素体对接接头	RT 或（UT）	RT 或 UT	UT 或（RT）
铁素体 T 型接头	（UT）或（RT）	UT 或（RT）	UT 或（RT）
奥氏体对接接头	RT	RT 或（UT）	RT 或（UT）
奥氏体 T 型接头	（UT）或（RT）	UT 和/或（RT）	（UT）或（RT）
铝对接接头	RT	RT 或 UT	RT 或 UT
铝 T 型接头	（UT）或（RT）	UT 或（RT）	UT 或（RT）
镍和铜合金对接接头	RT	（UT）或 RT）	（UT）或（RT）
镍和铜合金 T 型接头	（UT）或（RT）	（UT）或（RT）	（UT）或（RT）
钛对接接头	RT	（UT）或 RT	
钛 T 型接头	（UT）或 RT	UT 或（RT）	

注：（　）表示有限制的使用。
①厚度，t，是用于要焊接的母材金属的厚度。

5.1.2.2 ISO 5817 标准

ISO 5817：2014《钢、镍、钛及其合金的熔化焊接头（高能束焊接头除外）—缺欠质量分级》标准为 0.5mm 以上钢、镍、钛及它们的合金焊缝评定等级的标准。本标准适用于：

（1）非合金钢和合金钢；

（2）镍和镍合金；

（3）钛和钛合金；

（4）手工焊、机械焊接和自动焊接；

（5）所有的焊接位置；

（6）所有焊接接头，例如：对接、角接和支管连接；

（7）与国际标准 ISO 4063 编号一致的焊接方法（11 为无气体保护的金属电弧焊；12 为埋弧焊；13 为金属气体保护焊；14 为钨极气体保护焊；15 为等离子焊；31 为氧焰气焊）。

该标准中，对不同缺陷所适用的无损检测方法进行了推荐，见表 5-11。

表 5-11   不同缺陷所适用的无损检测方法

缺陷种类	检 测 方 法			
	表面缺陷		内部缺陷	
	PT	MT	UT	RT
未熔合	(X)	(X)	(X)	((X))
裂纹	(X)	X	(X)	(X)
夹渣			(X)	(X)
气孔	X	(X)	((X))	X
未焊透			(X)	X
咬边	(X)	(X)	(X)	X
根部塌陷			(X)	X
根部凹陷			(X)	X

注：X—检测方法不加限制地应用；（X）—检测方法加限制地应用；（（X））—检测方法只有在加上很多限制以后才应用；空白处表示检测方法不适用或无意义。

5.1.2.3 ISO 10042 标准

ISO 10042：2005《铝及其合金的熔化焊接头—缺欠质量分级》标准适用于：

（1）铝及可焊接铝合金；

（2）与 ISO 4063 一致的焊接工艺（131 为熔化极惰性气体保护焊；141 为钨极惰性气体保护焊；15 为等离子弧焊接）；

（3）手工焊接、机械化焊接和自动焊；

（4）所有焊接位置；

（5）对接焊缝、角焊缝和支管焊缝；

（6）母材厚度范围 3~63mm。

如果所焊产品的焊缝几何尺寸与该标准有明显差异，必须考虑该标准是否适用。

该标准不包括冶金方面的问题，如晶粒大小。在本标准中，"铝"的概念既指铝也指可焊接的铝合金。

国际焊接体系标准，是以 ISO 5817 及 ISO 10042 为核心制定的一系列关于射线、超声波、磁粉及渗透探伤的标准。这两个标准仅设定了验收等级，并没有涉及具体的检测方法，而很多条款并不一定完全适用于某种方法，如根部未熔合，标准中涉及了未熔合部分的厚度，这在我们的常规无损检测方法中可能是无法做到的，需要使用者根据情况来选择方法和对应条款。在 ISO 5817 及 ISO 10042 中，按检验严格的等级分为 B、C、D 三个级别，B 级要求最高。从标准内容来看，比目前国内标准要求检验项点更多，如增加关于蠕虫状气孔的规定，对缺陷要求控制焊道面投影方向的大小及焊道横截面方向的尺寸，尤其是 B 级要求中对缺陷的控制比国内标准要求更为严格，如单个气孔不大于 $0.2s$（s 为焊接层厚度），因此在 6mm 以下薄板焊缝中要求明显比国内标准高。

目前，国内若无特殊需求一般很少采用 ASTM 标准中关于焊缝检验的规定，ASTM 标准难以评判要求较高的焊缝。国内锅炉压力容器行业主要采用 NB/T 47013 进行检验。铁路行业中，由于以前主要以钢结构为主，一般采用 GB/T 3323 及 GB/T 11345 进行射线和超声波探伤，随着高速铁路与国外的交流与合作及高速动车组的成功研制，目前有很多已转换到按 ISO 5817 及 ISO 10042 要求进行相应的检验，同时，成体系的 ISO 17636-1（等同 GB/T 3323）也大量使用。由于国际标准在大量采用，对焊接检验要求也相应地逐步提高。

5.2　外观检测与标准

外观检测（VT）是对焊接结构的所有可见焊缝均应进行目视检测。对于结构庞大，焊缝种类或形式较多的焊接结构，可按焊缝的种类或形式分为区、块、段逐次检查。当焊接结构存在隐蔽焊缝时，应在组装之前或焊缝尚处在敞开的时候进行目视检查，以保证产品焊缝的缺陷在封闭之前发现，及时消除。目视检测方法可分为直接目视检测和远距离目视检测两种。

（1）直接目视检测，也称为近距离目视检测，这种检测用于眼睛能充分接近被检物体，肉眼或借助放大镜直接观察和分辨缺陷形态的场合。一般情况下，目视距离约为 600mm，眼睛与被检工件表面所成的视角不小于 30°。在检测过程中，采用适当照明，利用反光镜调节照射角度和观察角度，或借助于低倍放大镜观察，以提高眼睛发现缺陷和分辨缺陷的能力。

（2）远距离目视检测用于眼睛不能接近被检物体，必须借助望远镜、内孔管道镜、照相机等进行观察的场合。其分辨能力，至少应具备相当于直接目视观察所获检测的效果。

目视检测时应检查以下项目：

（1）焊接后清理质量，所有焊缝及其边缘，应无焊渣、飞溅及阻碍外观检查的附着物。

（2）焊接缺陷检查，在整条焊缝和热影响区附近，应无裂纹、夹渣、焊瘤、烧穿等缺陷，气孔、咬边应符合有关标准规定。焊接接头部位容易产生焊瘤、咬边等缺陷，收弧部位容易产生弧坑、裂纹、夹渣、气孔等缺陷，检查时要引起注意。

（3）几何形状检查，重点检查焊缝与母材连接处以及焊缝形状和尺寸急剧变化的部位。这些部位的焊缝应完整不得有漏焊，连接处应圆滑过渡。焊缝高低、宽窄及结晶鱼鳞纹应均匀变化。可借助测量工具来进行测量。

（4）焊接的伤痕补焊，重点检查装配拉筋板拆除的部位、勾钉吊卡焊接的部位、母材引弧部位、母材机械划伤部位等。要求焊缝在这些部位处应无缺肉及遗留焊疤，无表面气孔、裂纹、夹渣、疏松等缺陷，划伤部位不应有明显棱角和沟槽，伤痕深度不超过有关标准规定。

目视检测若发现裂纹、夹渣、焊瘤等不允许存在的缺陷，应清除、补焊或修磨，使焊缝表面的质量符合要求。

焊缝尺寸的检测是按图样标注的尺寸或技术标准规定的尺寸对实物进行测量检查。尺寸测量工作可与目视检测同时进行，也可在目视检测之后进行。通常是在目视检测的基础上，初步掌握了几何尺寸变化的规律之后，选择测量部位。一般情况下，可选择焊缝尺寸正常部位、尺寸变化的过渡部位和尺寸异常变化的部位进行测量检查，然后相互比较，找出焊缝尺寸变化的规律，与标准规定的尺寸对比，从而判断焊缝的几何尺寸是否符合要求。

一般情况下，施工图样只标注坡口尺寸，不标明焊后尺寸要求。对接接头焊缝尺寸应按有关标准规定或技术要求测量检查。检查对接接头焊缝的尺寸，方法简单，可直接用直尺或焊接检测尺测量出焊缝的余高和焊缝宽度。

当组装焊件存在错边时，测量焊缝的余高应以表面较高一侧母材为基准进行计算，如图 5-1（a）所示。当组装焊件厚度不同时，测量焊缝余高也应以表面较高一侧母材为基础进行计算，或保证两母材之间焊缝呈圆滑过渡，如图 5-1（b）所示。

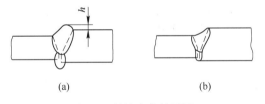

图 5-1　焊缝余高的测量

（a）错边时；（b）厚度不同时

角焊缝尺寸包括焊缝的计算厚度、焊脚尺寸、凸度和凹度等。测量角焊缝的尺寸，主要是测量焊脚尺寸和角焊缝厚度。然后通过测量结果计算焊缝的凸度和凹度，如图 5-2 所示。

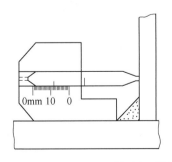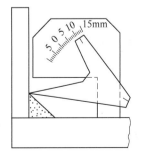

图 5-2　焊接检验尺测量焊脚

一般对于角焊缝检测，首先要对最小尺寸部位进行测量，同时对其他部位进行外观检查，如焊缝坡口应填满金属，并使其圆滑过渡、外形美观、无缺陷。检查时应注意更换焊条的接头部位，有严重的凸度和凹度时，应及时修磨或补焊。

目视检测的国际标准有 ISO 17637：2003《焊缝的无损检测—目视检测》、ISO 5817：2007《钢、镍、钛及其合金的熔化焊接头（高能束焊接头除外）—缺欠质量分级》。对于目视检测的应用标准和等级应满足 ISO 17635 标准中的要求，具体参见 ISO 17635 标准部分。

5.3 射线探伤与适用标准

5.3.1 射线探伤原理

射线探伤应用较广的主要有 X 射线探伤和 γ 射线探伤。在金属材料的射线检测中，用 X 射线和 γ 射线来发现内部缺陷，能量范围在 keV 至 MeV 之间。X 射线和 γ 射线的区别在于产生的机理不同。射线穿过被检物体过程中，其强度将减弱，我们称其为衰减。衰减主要取决于辐射能量和材料密度。衰减的原因是吸收和散射。

其中，半价层（HWS）是射线强度衰减为原来一半时所经过的材料厚度。半衰期（HWZ）是放射性原子核活度衰减为原来一半时所经历的时间。

X 射线检验方法如图 5-3 所示，先将 X 射线管 1 对正焊缝，然后将装有感光底片的底片袋 4 放在焊缝的背面，最后开机使 X 射线管放出 X 射线进行透视。根据底片上图像就可以判断缺陷的类型、位置和大小。

γ 射线具有更强的穿透能力，可检查厚度达 300mm 的焊缝，其方法如图 5-4 所示。在焊缝的背面先贴上装有感光底片 6 的底片袋 5，然后将放射性元素 2（如镭、铀、钴等）放在三面密封一面开孔的铅盒内，并使开口面朝着要检验的焊缝进行拍照。根据底片上的图像就可以判断缺陷的类型、位置和大小。

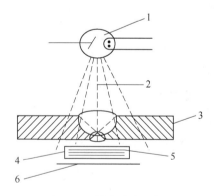

图 5-3　X 射线检验示意图
1—X 射线管；2—X 射线；3—焊件；
4—底片袋；5—感光底片；6—铅屏

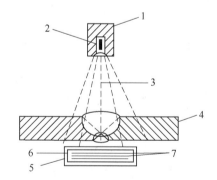

图 5-4　γ 射线检验示意图
1—铅盒；2—放射性元素；3—γ 射线；4—焊件；
5—底片袋；6—感光底片；7—铅屏

5.3.2 评片与评定标准

射线底片的成像质量取决于反差（黑度差别）和清晰度（不清晰度）。射线探伤使用像质计来测定射线底片照相灵敏度，根据在底片上所显示的像质计影像，可对射线底片影像质量进行判断，从而确认底片成像是否满足检测技术条件。射线照相时反差随壁厚增大而增加；在保证照透的前提下，反差随管电压减小而增加；能量一定时，反差随材料密度的降低而增加。各种焊接缺陷在射线底片上的显示特点见表5-12。

表5-12 焊接缺陷显示特点

焊接缺陷 种类	焊接缺陷 名称	射线底片上的显示	焊接缺陷 种类	焊接缺陷 名称	射线底片上的显示
裂纹	横向裂纹	与焊缝方向垂直的黑色条纹	形状缺陷	咬边	位于焊缝边缘与焊缝走向一致的黑色条纹
	纵向裂纹	与焊缝方向一致的黑色条纹，两头尖细		缩沟	单面焊、背部焊道两侧的黑色影像
	放射裂纹	由一点辐射出去的星形黑色条纹		焊缝超高	焊缝正中的灰白色突起
	弧坑裂纹	弧坑中纵、横向及星形黑色条纹		下塌	单面焊，背部焊道正中的灰白色影像
未熔合		坡口边缘、焊道之间以及焊缝根部等处的，伴有气孔或夹渣的连续或断续黑色影像		焊瘤	焊缝边缘的灰白色突起
未焊透		焊缝根部钝边未熔化的直线黑色影像		错边	焊缝一侧与另一侧的黑色的黑度值不同，有一明显界限
夹渣	条状夹渣	黑度值较均匀的呈长条黑色不规则影像		下垂	焊缝表面的凹槽，黑度值高的一个区域
	夹钨	白色块状		烧穿	单面焊、背部焊道由于熔池塌陷形成孔洞，在底片上为黑色影像
	点状夹渣	黑色点状		缩根	单面焊，背部焊道正中的沟槽，呈黑色影像
圆形缺陷	球形气孔	黑度值中心较大边缘较小且均匀过渡的圆形黑色影像	其他缺陷	电弧擦伤	母材上的黑色影像
	均布及局部密集气孔	均匀分布及局部密集的黑色点状影像		飞溅	灰白色圆点
	链状气孔	与焊缝方向平行的成串并呈直线状的黑色影像		表面撕裂	黑色条纹
	柱状气孔	黑度极大均匀的黑色圆形显示		磨痕	黑色影像
	斜针状气孔（螺孔、虫形孔）	单个或呈人字分布的带尾黑色影像		凿痕	黑色影像
	表面气孔	黑度值不太高的圆形影像			
	弧坑缩孔	焊缝末端的凹陷，为黑色显示			

　　评片工作一般包括：评定底片本身质量的合格性；正确识别底片上的影像；依据从底片上得到的工件缺陷数据，按照验收标准或技术条件对工件质量作出评定；完成有关的各种原始记录和资料整理。

　　评片时，可从影像的几何形状、影像的黑度分布、影像的位置三个方面进行底片的影像分析判断。在射线底片评定时，可以判断缺陷的种类，如气孔、夹渣、裂纹及缺陷在投影面上的长度。

　　根据焊接缺陷形状、大小，国家标准将焊缝中的缺陷分成圆形缺陷、条状夹渣、未焊透、未熔合和裂纹等 5 种。其中圆形缺陷是指长宽比≤3 的缺陷，它们可以是圆形、椭圆形、锥形或带有尾巴（在测定尺寸时应包括尾部）等不规则的形状，包括气孔、夹渣和夹钨。条状夹渣是指长宽比>3 的夹渣。

　　依据 GB/T 3323—1987 标准，按照焊接缺陷的性质、数量和大小将焊缝质量分为Ⅰ、Ⅱ、Ⅲ、Ⅳ共 4 级，质量依次降低。

　　Ⅰ级焊缝内不允许存在任何裂纹、未熔合、未焊透以及条状夹渣，允许有一定数量和一定尺寸的圆形缺陷存在。

　　Ⅱ级焊缝内不允许存在任何裂纹、未熔合、未焊透等 3 种缺陷，允许有一定数量、一定尺寸的条状夹渣和圆形缺陷存在。

　　Ⅲ级焊缝内不允许存在任何裂纹、未熔合以及双面焊和加垫板的单面焊中的未焊透，允许有一定数量、一定尺寸的条状夹渣和圆形缺陷存在。

　　Ⅳ级焊缝指焊缝缺陷超过Ⅲ级者。

　　（1）圆形缺陷的评定：圆形缺陷的评定首先确定评定区，如表 5-13 所示，其次考虑到不同尺寸的缺陷对焊缝危害程度不同，因此对于评定区域内大小不同的圆形缺陷不能等同对待，应将尺寸按表 5-14 规定换算成缺陷点数。

表 5-13　圆形缺陷评定区尺寸　　　　　　　　　　（mm）

母材厚度	≤25	25~100	>100
评定区尺寸	10×10	10×20	10×30

表 5-14　圆形缺陷评定区点数

缺陷长度/mm	≤1	1~2	2~3	3~4	4~6	6~8	>8
点数	1	2	3	6	10	15	25

　　最后计算出评定区域内缺陷点数总和，然后按表 5-15 提供的数量来确定缺陷的等级。

表 5-15　圆形缺陷评定区等级

质量等级	母材厚度/mm					
	≤10	10~15	15~25	25~50	50~100	>100
	换算成的点数					
Ⅰ	1	2	3	4	5	6
Ⅱ	3	6	9	12	15	18
Ⅲ	6	12	18	24	30	36
Ⅳ	缺陷点数大于Ⅲ级者					

（2）单个条状夹渣的评定：当底片上存在单个条状夹渣时，以夹渣长度确定其等级。考虑到条状夹渣长度对不同板厚的工件危害程度不同，一般较厚的工件允许较长的条状夹渣存在。因此国家标准规定，也可以用条状夹渣长度与板厚的比值来进行等级评定，如表5-16所示。

表5-16　条状夹渣的分级

质量等级	单个条状夹渣		条状夹渣总长度
	板厚/mm	夹渣长度/mm	
Ⅱ	$\delta \leqslant 12$	4	在任意直线上，相邻两夹渣间距均不超过$6L$的任何一组夹渣，其累计长度在12δ焊缝长度内不超过δ
	$12<\delta<60$	$1/3\delta$	
	$\delta \geqslant 60$	20	
Ⅲ	$\delta \leqslant 9$	6	在任意直线上，相邻两夹渣间距均不超过$3L$的任何一组夹渣，其累计长度在6δ焊缝长度内不超过δ
	$9<\delta<15$	$2/3\delta$	
	$\delta \geqslant 45$	30	
Ⅳ	大于Ⅲ级者		

注：L为该组夹渣中最长者的长度。

焊缝质量的综合评级方法如下：

事实上，焊缝中产生的缺陷往往不是单一的，因而反映到底片上可能同时有几种缺陷。对于几种缺陷同时存在的等级评定，应先各自评级，然后综合评级。如有两种缺陷，可将其级别之和减1作为缺陷综合评级后的焊缝质量级别。如有三种缺陷，可将其级别之和减2作为缺陷综合评级后的焊缝质量等级。

当焊缝的质量级别不符合设计要求时，焊缝评为不合格。不合格焊缝必须进行返修。返修后，经再探伤合格，该焊缝才算合格。一般来说，根据产品要求，每种产品在设计中都规定了探伤的合格级别，评定时应当遵循设计规定。

射线探伤的国际标准有ISO 17636：2003《焊缝的无损检测—熔化焊接头的射线检测》、ISO 10675-1：2008《焊缝的无损检测—射线探伤的验收等级—第1部分：钢、镍、钛及其合金》。

射线检验时对薄板要求更高，ISO标准按A、B两种像质等级和单壁单影、双壁双影和双壁单影三种透照布置分别规定了透照不同厚度要求达到的像质指数。对双壁双影和双壁单影法，又按像质计放置位置，即射线源侧或胶片侧分别规定了像质要求。

ISO标准确定像质要求，单壁单影法是按单壁厚度，而双壁双影和双壁单影法是按双壁厚度（国标均按单壁厚度），这与确定曝光条件所依据的厚度达到统一。但实际上，就被检焊缝厚度来说，双壁透照法所得IQI灵敏度总是单壁透照法的一半。ISO标准对192 Ir源的使用，在某些厚度范围内对像质要求作了放宽处理，如A级：$T = 10\sim24\text{mm}$，可低2个指数；$T > 24\sim30\text{mm}$，可低1个指数；B级：$T = 12\sim40\text{mm}$，可低1个指数（以上均指单壁单影法）。这是因为源透照厚度越小，像质损失越大。标准放宽要求，是承认某像质水平降低的事实。之前国内线型灵敏度像质计采用16组细丝，而ISO标准中采用19组细丝计，增加了三组细丝以加强薄板检验的透照要求，厚度< 2mm时，ISO标准有像质指数17~19（相应丝径为0.080mm、0.063mm和0.050mm）的要求，国标中需补充相应的像质

计形式。

对焊缝缺陷评定和质量验收条件，ISO 5817 及 ISO 10042 适用于对接焊缝、填角焊缝和分支连接（如 T 型接头），但具体级别的选用则由有关规程或产品制造技术条件决定。这份通用性标准的目的是要对工业产品焊接质量水平进行分级控制，以适应不同的需要。它是基于长期工业生产实践经验和一定理论依据的质控性标准，而不是基于断裂力学，需要根据缺陷性质、位置、尺寸、使用条件进行安全寿命理论预测的所谓适用性标准。前者的容限水平显然高于后者，前者是后者的基础和保证。欧洲国家对焊接缺陷评定合格与否，主张参照缺陷性质、数量、大小、位置等数据综合决定。

5.4　渗透探伤标准

渗透探伤是一种以毛细管作用原理为基础的检查表面开后缺陷的无损检测方法。同其他无损检测方法相比，渗透探伤也是以不破坏被检对象的使用性能为前提，运用物理、化学、材料科学与工程理论为基础，对各种工程材料、零部件和产品进行有效的检验，借以评价它们的完整性、连续性及安全可靠性，是实现质量控制、改进工艺的重要手段。同时检验方法方便快捷，不受环境、材质、电源条件的控制，可随时随地对被检工件进行渗透检验，而且检验结果直观，是查漏点的最佳措施。

5.4.1　渗透探伤原理

着色探伤（也称为 PT 检测）是渗透检验方法中的一种，是一种表面检测方法，主要用来探测诸如肉眼无法识别的裂纹之类的表面损伤，如检测不锈钢材料近表面缺陷（裂纹）、气孔、疏松、分层、未焊透及未熔合等缺陷，适用于检查致密性金属材料（焊缝）、非金属材料（玻璃、陶瓷、氟塑料）及制品表面开口性的缺陷（裂纹、气孔等），目前可发现宽度为 0.01mm、深度不小于 0.03mm 的表面缺陷。

着色渗透探伤是利用带有红色染料的渗透剂的渗透作用，显示缺陷痕迹的无损探伤法。渗透探伤是检验表面开口缺陷的常规方法。渗透探伤的基本原理是在被检工件表面涂上某种具有高渗透能力的渗透液，利用液体对固体表面细小孔隙的渗透作用，使渗透液渗透到工件表面的开口缺陷中，然后用水或其他清洗液将工件表面多余的渗透液清洗干净，待工件干燥后再把显像剂涂在工件表面，利用毛细管作用将缺陷中的渗透液重新吸附出来，在工件表面形成缺陷的痕迹，根据显示的缺陷痕迹对缺陷进行分析、判断。其基本原理及基本步骤见图 5-5。

5.4.2　渗透探伤的操作流程及注意事项

（1）表面预处理：焊缝及热影响区表面容易粘有焊渣、焊剂、飞溅物、氧化物等污物，在进行着色检测前要进行清理，常用的清理方法是机械清理法，可用钢丝刷、砂纸、锉刀等工具清理试板的检测区域，在检测部位四周向外扩展约 25mm，去除试板表面的锈迹和焊接氧化皮、焊渣、飞溅物等污物。污物清理干净后，再用清洗液清洗焊缝表面，以除去油污和污垢。最后用压缩空气吹干、烘干或晾干，使得被检工件表面充分干燥。此处，切记不允许用喷砂、喷丸等可能堵塞表面开口缺陷的清理方法。

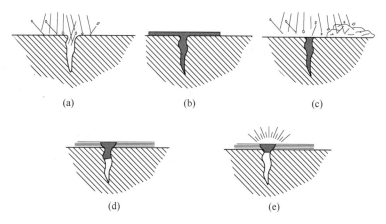

图 5-5　渗透探伤的基本原理及步骤
（a）前清洁处理；（b）渗透处理；（c）清洗去除处理；（d）显像处理；（e）检查评定

（2）着色渗透：由于焊接工件的尺寸一般较大，所以施加渗透液时，常采用喷涂或刷涂，采用喷涂法时，喷嘴距离受检表面宜为 300~400mm，渗透剂必须湿润全部受检表面，并保证足够的渗透时间。若对细小的缺陷进行探测，可将工件预热到 40~50℃ 进行渗透。一般应在焊缝上反复施加 3~4 次，每次间隔 3~5min，小型工件可采用浸涂法。

适合进行渗透处理的温度为 15~50℃，渗透时间不得少于 5min（一般为 15~30min），或使用渗透剂使用说明书中规定的渗透时间。在渗透时间内，应保持渗透剂把被检表面全部润湿。当温度在 3~15℃ 范围时，应根据温度情况适当增加渗透时间，低于 3℃ 或高于 50℃ 时，应另行考虑决定，并在检验报告中必须加以说明。

（3）清洗与干燥：在渗透 5~15min 之后，施加显像剂之前要使用清洗剂将喷在工件表面的渗透剂清洗干净，使得被检表面要清洁。施加的渗透剂达到规定的渗透时间后，先用干燥、洁净不脱毛的布或纸按一个方向进行依次擦拭，直至大部分多余渗透剂被去除后，再用蘸有清洗剂的干净不脱毛布或纸进行擦拭，将被检面上多余的渗透剂全部擦净。

在清除过程中既要防止清除不足而造成对缺陷显示痕迹的识别困难，也要防止清除过度使渗入缺陷中的渗透剂也被除去。此处，显像剂的清洗不建议采用喷涂方式，会对减小缺陷内的渗透剂造成影响。

清洗干净的表面，如果准备用干粉显像或快干式湿法显像时，可以靠正常蒸发干燥，也可以用布或纸擦干，或压缩空气、电吹风吹干，但应保证表面温度不超过 50℃，不允许只使用加热干燥的方法。如果准备用非快干式的湿法显像时，可以不作干燥处理。

（4）显像处理：在经过清除、干燥后的表面上，应立即施加显像剂，显像剂的厚度应适当，并保持均匀。在受检表面喷涂或刷涂一层薄而均匀的显像剂，厚度为 0.05~0.07mm，保持 15~30min 后进行观察。在使用显像剂前，应将显像剂充分摇匀，以保证悬浮颗粒充分弥散，对被检工件表面（已经清洗干净、干燥后的工件）保持 150~300mm 距离均匀喷涂，喷洒角度为 30°~40°，显像时间不小于 7min。可用肉眼或借助 3~5 倍放大镜观察所显示的图像，为发现细微缺陷，可间隔 5min 观察一次，重复观察 2~3 次。

（5）缺陷观察：观察显示痕迹应从施加显像剂后开始，直至痕迹的大小不发生变化为止，时间一般为 7~15min，观察显像应在显像剂施加后 7~30min 内进行。即在施加显像剂的同时就应仔细观察被检表面的痕迹显示情况，但最终评定应在渗透剂渗出后的 7~30min 内完成。如果渗透剂的渗出过程不明显改变检验结果，允许延长观察时间。当被检表面太大，无法在规定时间内完成全部检验时，应分块检验。

着色渗透检验的痕迹观察应在充足的自然光或白光的条件下进行。观察痕迹前，检验人员应至少在暗处停留 5min 让眼睛得到一个较好的适应过程。如果检验人员带眼镜或在观察中使用放大镜，这些物品都应当是非光敏的。

观察显示痕迹，可用肉眼或 5~10 倍放大镜。在被检表面观察到痕迹之后，应首先确定这些痕迹中哪些是由缺陷引起，哪些是由非缺陷的因素引起。不能分辨真假缺陷痕迹时，可对该部位重新进行检验或用其他方法进行验证。

（6）重检：在检验过程中或检验结束后，若发现下列情况，必须将被检表面彻底清洗干净重新进行检验：

1）难以确定痕迹是缺陷引起还是非缺陷因素引起时；

2）供需双方有争议或有其他需要时；

3）需要采用机械方法去除缺陷时，在去除缺陷的过程中以及去除缺陷工作结束后；

4）焊缝返修后。

此外，用水洗型渗透剂进行重检时，应充分注意到水污染造成检验灵敏度降低的情况。

（7）后处理：检验结束后，为了防止残留的显像剂腐蚀被检表面或影响其使用，或避免残留在焊缝上的渗透液和显像剂会影响随后进行的焊接，使其产生缺陷，应当使用刷洗、喷气、喷水法或使用布、纸等物清除残留在被检表面或残留在焊缝内的显像剂。

（8）评定与验收：根据缺陷显示的尺寸及验收标准进行评定与验收。经渗透探伤后确认为合格时，应在被检物表面作出标记，表明该工件已被检并确认合格，如表面有缺陷显示，也应在有缺陷的部位用涂料表明其位置，供返修时寻找。如有需要，还要用照明、示意图或描绘等方法作出记录备查，或作为填写探伤报告时的依据。

5.4.3 缺陷判别与分级

渗透探伤，最重要的部分就是缺陷性质的判断，经过对缺陷观察、分析，对照国家或者行业标准，最终形成探伤报告。

5.4.3.1 渗透探伤焊接缺陷的判别

根据缺陷痕迹的形态，可以把缺陷痕迹大致上分为圆状和线状两种。凡长轴与短轴之比小于 3 的痕迹称为圆状痕迹。长轴与短轴之比不小于 3 的痕迹称为线状痕迹。

（1）线状显示痕迹：线状显示痕迹指长度大于 3 倍宽度的显示痕迹。反映的焊接缺陷有裂纹、未熔合、分层和条状夹渣。

痕迹可能的表现为：1）比较整齐的连续直线；2）同一直线的延长线上断续显示；3）参差不齐的、略微曲折的线段；4）长宽比不大的不规则痕迹。

（2）圆状显示痕迹：长度小于 3 倍宽度的痕迹，可能呈圆形、扁圆形或不规则形状，称为圆状显示痕迹。反映的缺陷有焊接表面气孔、弧坑缩孔、点状夹渣。

检验焊缝时，判断缺陷类型的一般规律是：（1）根部未焊透，呈现连续或断续的直线段；（2）裂纹，呈现宽度不大的不规则的线段；（3）条状夹渣，呈现长宽比相对来说不大的不规则痕迹；（4）表面气孔，呈现圆形显示。较为准确的结论则还要依据显示的位置特征、材料特征等因素综合判断。

5.4.3.2 渗透探伤缺陷的分级

着色法渗透探伤常用的标准有 JB/T 4730.5—2005《承压设备无损检测：渗透检测》，该标准适用于非多孔性金属材料或非金属材料制承压设备在制造、安装及使用中产生的表面开口缺陷的检测。

JB/T 4730.5—2005 对渗透检测的缺陷显示分类规定如下：

（1）显示分为相关显示、非相关显示和虚假显示。非相关显示和虚假显示不必记录和评定。

（2）小于 0.5mm 的显示不计，除确认显示是由外界因素或操作不当造成的之外，其他任何显示均应作为缺陷处理。

（3）缺陷显示在长轴方向与工件（轴类或管类）轴线或母线的夹角大于或等于 30°时，按横向缺陷处理，其他按纵向缺陷处理。

（4）长度与宽度之比大于 3 的缺陷显示，按线状缺陷处理；长度和宽度之比小于或等于 3 的缺陷显示，按圆形缺陷处理。

（5）两条可两条以上的缺陷线性显示在同一条直线上且间距不大于 2mm 时，按一条缺陷显示处理，其长度为两条缺陷显示之和加间距。

焊缝渗透探伤的质量评定原则上根据缺陷痕迹的类型、长度、间距以及缺陷性质分为4 个等级（见表 5-17）。Ⅰ级的质量最高，Ⅳ级的质量最低。出现在同一条焊缝上不同类型或者不同性质的缺陷，可以选用不同的等级分别进行评定，也可以选用相同的等级进行评定。被评为不合格的缺陷，在不违背焊接工艺规定的前提下，允许进行返修。返修后的检验和质量评定与返修前相同。

表 5-17 缺陷痕迹等级

质量等级		Ⅰ	Ⅱ	Ⅲ	Ⅳ
缺陷显示痕迹的类型及缺陷性质		不考虑的最大缺陷显示痕迹长度/mm			
		≤0.3	≤1	≤1.5	≤1.5
线状	裂纹	不允许	不允许	不允许	不允许
	未焊透	不允许	不允许	允许存在的单个缺陷显示痕迹长度不大于 0.15δ 且不大于 2.5mm；100mm 焊缝长度范围内允许存在的缺陷显示痕迹总长不大于 25mm	允许存在的单个缺陷显示痕迹长度不大于 0.2δ 且不大于 3.5mm；100mm 焊缝长度范围内允许存在的缺陷显示痕迹总长不大于 25mm
	夹渣或气孔		不大于 0.3δ 且不大于 4mm；相邻两缺陷显示痕迹的间距应不小于其中较大缺陷显示痕迹长度的 6 倍	不大于 0.3δ 且不大于 10mm；相邻两缺陷显示痕迹的间距应不小于其中较大缺陷显示痕迹长度的 6 倍	不大于 0.5δ 且不大于 20mm；相邻两缺陷显示痕迹的间距不小于其中较大缺陷显示痕迹长度的 6 倍

质量等级		I	II	III	IV
圆状	夹渣或气孔	不允许	任意 50mm 焊缝长度范围内允许存在的显示长度不大于 0.15δ 且不大于 2mm 的缺陷显示痕迹 2 个；缺陷显示痕迹的间距不小于其中较大显示长度的 6 倍	任意 50mm 焊缝长度范围内允许存在的显示长度不大于 0.3δ，且不大于 3mm 的缺陷显示痕迹 2 个；缺陷显示痕迹的间距应不小于其中较大显示长度的 6 倍	任意 50mm 焊缝长度范围内允许存在的显示长度不大于 0.4δ，且不大于 4mm 的缺陷显示痕迹 2 个；缺陷显示痕迹的间距应不小于其中较大显示长度的 6 倍

注：δ 为母材的厚度，当焊缝两侧的母材厚度不相等时，取其中较小的那个厚度值为 δ。

渗透检测的国外标准有 EN 571-1：1997《渗透检测一般原则》、EN 1289：2002《焊接接头的渗透检测验收等级》。标准 EN 1289 中规定了焊缝显示的允许极限，见表 5-18。

表 5-18　显示的允许极限

显示类型	验收等级[①]		
	1	2	3
线性显示（l 为显示长度，mm）	$l \leqslant 2$	$l \leqslant 4$	$l \leqslant 8$
非线性显示（d 为主轴尺寸，mm）	$d \leqslant 4$	$d \leqslant 6$	$d \leqslant 8$

[①] 验收等级 2 和 3 可规定冠以×，以表示所检出的各种线性显示应按 1 级评定。但小于原验收等级所示值的显示，其检出率可能较低。

5.5　超声波探伤与标准

超声波是超声振动在介质中的传播，其实质是以波动形式在弹性介质中传播的机械振动。超声波检测常用的频率为 2~5MHz。较低频率用于粗晶材料和衰减较大材料的检测，较高频率用于细晶材料和高灵敏度检测。对于某些特殊要求的检测，工作频率可达 10~50MHz。近年来，超声探头的工作频率有的已高达 100MHz。

5.5.1　超声波探伤原理

超声波探伤主要是通过测量信号往返于缺陷的穿越时间，来确定缺陷和表面间的距离；通过测量回波信号的幅度和发射换能器的位置，来确定缺陷的大小和方位。这就是通常所说的脉冲反射法或 A 扫描法。此外还有 B 扫描和 C 扫描等方法。B 扫描可以显示工件内部缺陷的纵截面图形，C 扫描可以显示工件内部缺陷的横剖面图形。

超声波检测对于平面状的缺陷（例如裂纹），只要波束与裂纹平面垂直就可以获得很高的缺陷回波。但对于球状缺陷（例如气孔），若缺陷不很大或者不较密集，就难以获得足够的回波。超声波检测的最大优点就是对裂纹、夹层、折叠、未焊透等类型的缺陷具有很高的检测能力；超声波检测的不足是难以识别缺陷的种类。利用 A 扫描法，根据缺陷发生的位置，即使采用各种扫描方法，对缺陷种类的判别仍需有高度熟练的技术。

5.5.2 超声波探伤与标准

根据探伤时所用超声波的波形，可把探伤方法分为纵波法和横波法。纵波探伤使用直探头。当探头放在被检物的探测面上时，其发出的超声波垂直入射到物体内部，入射的部分声波遇到缺陷的界面被反射回来，其余部分的入射声波继续传播到物件的底部才被反射回来。这时在探伤仪的荧光屏上显示出始波、缺陷波和底波。根据这些脉冲波的位置就能对缺陷定位，根据脉冲波的高度可对缺陷定量，根据脉冲波的形状就能对缺陷定性。

焊缝的超声波检测通常使用横波，探伤时使用超声波斜探头。斜探头发出的超声波倾斜入射到被检物的探测面上，由波形转换产生横波进入物件并以"W"形的路径在物体中传播。如果超声波在传播过程中遇到缺陷或物件的端角，声波被反射回探头，这时荧光屏上显示出相应的脉冲波。根据反射声波在荧光屏上的位置、高低和形状就能判断缺陷的埋藏位置、大小及其性质。

横波探伤法是采用斜探头将声束倾斜入射工件表面进行探伤，其原理如图 5-6 所示。这种方法能够发现与探测表面成角度的缺陷，常用于焊缝、环状锻件以及管材的检测。超声波探伤在石油化工、压力容器和航空航天等领域的应用非常广泛。目前常用的标准是 GB/T 11345—1989《钢焊缝手工超声波探伤方法和探伤结果分级》，本标准规定了检验焊缝及热影响区缺陷，确定缺陷位置、尺寸和缺陷评定的一般方法及探伤结果的分级方法。

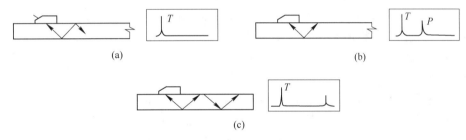

图 5-6　超声波横波法探伤原理示意图

(a) 无缺陷；(b) 有缺陷；(c) 探伤静态波形

T—母材厚度；P—跨距

超声波的探伤操作如下：

(1) 超声波探伤仪的预调：

1) 闭合电源开关接通电源；

2) 选取直探头并与仪器连接；

3) 通过调节仪器的"聚焦""辉度"等旋钮使荧光屏上的标尺达到最清晰状态。

(2) 斜探头入射点的测定：

1) 将超声波斜探头放在 CSK-ⅠA（图 5-7）试块圆弧的圆心处，加适量的耦合剂并保持稳定的声耦合。

2) 移动探头以获得探头所测的试块上 R100mm 曲面处的最高反射波，此时试块上曲面的曲率中心恰好对应斜探头的有机玻璃透声锲上的声束入射点。

3) 用直尺量出声束入射点至探头前沿的长度，读数精确到 0.5mm。

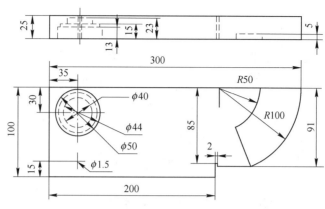

图 5-7　CSK-ⅠA 试块

（3）斜探头折射角的测定：

1）按照选用的斜探头声束折射角的公称值将探头压在 CSK-ⅠA 试块上相应的 K 值位置。在 35°～70°（$K_1 \sim K_3$）范围内使用 ϕ50mm 圆孔的反射，标称折射角在 74°～80°内使用 ϕ1.5mm 圆孔的反射。

2）移动探头获得试块上圆孔的最高反射波，此时斜探头入射点所对应的试块侧面上显示的角度即为该探头发出的超声波在钢中实际折射角的角度。

（4）零位调整：因为超声波的横波在钢中的波速为 3230m/s，所以纵波在 91mm 厚度的钢中反射回波在荧光屏上的位置相当于横波在 50mm 厚度的钢中反射回波的位置。因此，用超声波直探头测得的 CSK-ⅠA 试块上 91mm 厚度的第二次反射波位置与斜探头在 CSK-ⅠA 试块 R100mm 的圆弧所测得的反射波位置比较并把后者调到纵波的反射波位置，这就调整了零位。

（5）调整探测范围：以 R100mm（或 R50mm）曲面的多次反射，结合荧光屏上的刻度就可对探测范围作调整。经上述调整后，就能进行横波探伤。

（6）探伤操作：在探伤扫查过程中，探头垂直于焊缝呈锯齿形运动。若在仪器的荧光屏上发现有高于满刻度之反射波，这个反射波随着移动距离的变化在水平扫描线上的位置发生变化，且高度也发生变化，那么这个反射波有可能是缺陷反射波。

在有可能是缺陷波的情况下，用衰减器把此波降到一定高度（在比较好观察的情况下），移动探头，找出该反射波的最大反射位置，用衰减器把此波打到基准波高，读出衰减器的读数，若在焊缝区域则该反射波为缺陷反射波。

超声波检测的国际标准有 ISO 17640：2005《焊缝无损检测—焊接接头超声波检测》、ISO 11666：2010《焊缝的无损检测—焊接接头的超声波检测—验收等级》。

5.6 磁粉探伤与标准

5.6.1 磁粉探伤原理

铁磁性材料工件被磁化后，由于不连续性因素的存在，工件表面和近表面的磁力线发生局部畸变而产生漏磁场，吸附施加在工件表面的磁粉，在合适的光照下形成目视可见的磁痕，从而显示出不连续的位置、大小、形状和严重程度，如图 5-8 所示。

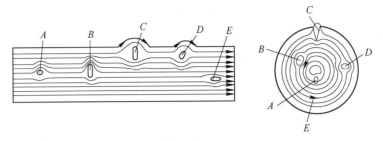

图 5-8　磁粉探伤原理

　　磁粉探伤的基础是缺陷的漏磁场与外加磁粉的相互作用。通过磁粉的聚集来显示被检工件表面出现的漏磁场，再根据磁粉的聚集形成磁痕的形状和位置分析漏磁场的成因和评价缺陷。若在被检工件表面上有漏磁场存在，如果在漏磁场处撒上磁导率很高的磁粉，因为磁力线穿过磁粉比穿过空气更容易，所以磁粉会被该处的漏磁场所吸附，被磁化后磁粉沿缺陷漏磁场的磁力线排列。在漏磁场作用下，磁粉向磁力线最密集处移动，最终被吸附在缺陷上。通过分析磁痕的形状和大小来判断缺陷的形状和大小，此即磁粉探伤的基本原理。

　　磁粉探伤常用的标准有 JB/T 4730.4—2005《承压设备无损检测：磁粉检测》，该标准适用于铁磁性材料制承压设备原材料、零部件和焊接接头表面、近表面缺陷的检测，不适用于奥氏体不锈钢和其他非铁磁性材料的检测。

　　磁粉探伤时，磁化电流的选择是否正确，通常可以用两种方法加以判断：一种是直接测定工件表面的磁场强度；另一种是采用灵敏度试片来鉴别。它可以用来正确选择几何形状复杂、不同材质工件的磁化规范。如 A 型灵敏度试片，它是由一定厚度的纯铁薄片制成的，在其一侧刻有一定深度的细槽。A 型灵敏度试片有三种规格，其形状和尺寸见表 5-19 和图 5-9。在使用时，有刻槽的一侧平面与工件被测表面紧贴。当磁化工件表面时试片同时被磁化，将磁悬液喷洒在试片上，灵敏度试片未刻槽表面便会出现与刻槽位置相一致的磁痕。探伤操作时，应根据工件的检测要求和级别，选择相应的 A 型试片型号，刻槽越小，灵敏度要求越高，所需的有效磁场强度就越大。观察磁痕出现的方向和磁痕浓度的深浅，即可判断磁场的方向和强弱，从而判断磁化方向和磁化电流的选择是否正确。

表 5-19　A 型灵敏度试片规格

规格	通用名称	相对槽深/μm		灵敏度	材　　料
A1	A1-15/100	15/100	分子为槽深，分母为试片厚度	高	超高纯度低碳纯铁，试片经退火处理
A2	A2-30/100	30/100		中	
A3	A3-60/100	60/100		低	

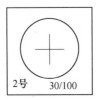

图 5-9　A 型灵敏度标准试片

磁场指示器是由 6 块三角形纯铁和铜片衬底拼成的。在实际使用时，同灵敏度 A 型试片一样，放置在工件表面，磁化时，工件表面的磁化磁场将磁场指示器同时磁化，当喷洒磁悬液时，磁场指示器就可出现与磁场磁力线方向一致的磁痕。

磁粉检测工艺流程：预处理→工件磁化（含选择磁化方法和磁化规范）→施加磁粉或磁悬液→磁痕分析及评定→退磁和探后处理等。

磁粉检测用于检测工件的表面缺陷，工件表面状态对于磁粉检测的操作和灵敏度都有很大的影响，所以磁粉检测前应清除工件表面的油污、铁锈、毛刺、氧化皮、焊接飞溅物、油漆等涂层、金属屑和砂粒等；使用水磁悬液时，工件表面要认真除油；使用油磁悬液时，工件表面要认真除水；干法探伤时，工件表面应干净和干燥，将非导电物打磨掉。若工件有盲孔或内腔，磁悬液流进后难以清洗者，探伤前应用非研磨性材料将孔洞堵上，封堵物勿掩盖住疲劳裂纹。

如果磁痕与工件表面颜色对比度小，或工件表面粗糙影响磁痕显示时，可在探伤前先给工件表面涂上一层反差增强剂。磁粉检测的工序应安排在容易产生缺陷的各道工序之后进行（如焊接、热处理、机加工、磨削、矫正和加载试验等）。磁粉检测的常用检测方法有连续法和剩磁法。

5.6.2 磁粉探伤评定

磁痕的观察和评定一般应在磁痕形成后立即进行。磁粉检测的结果，完全依赖检测人员目视观察和评定磁痕显示，所以目视检查时的照明极为重要。

使用非荧光磁粉检测时，被检工件表面应有足够的自然光或日光灯照明，可见光照度应不小于 1000lx，并应避免强光和阴影。使用荧光磁粉检测时，使用黑光灯照明，并应在暗区内进行，暗区的环境可见光应不大于 20lx，被检工件表面的黑光幅照度应不小于 $1000\mu W/cm^2$。检验人员进入暗室后，在检验前应至少等候 5min，以使眼睛适应在暗光下工作。检测时检验人员不准戴墨镜或是光敏镜片的眼镜，但可以戴防护紫外光的眼镜。常见焊接缺陷的磁痕显示见表 5-20。

表 5-20   焊接缺陷的磁痕显示

缺陷名称		缺陷特征	磁痕特征
焊接裂纹	焊接热裂纹	焊接完毕后即出现（一般在 1100~1300℃）；热裂纹浅而细小	磁痕清晰而不浓密
	焊接冷裂纹	冷裂纹（一般产生在 100~300℃）的热影响区内，可能在焊接完毕后即出现，也可能在焊接完毕后数日后产生，故又称延迟裂纹。冷裂纹一般是纵向的，一般深而粗大	磁痕浓密清晰
未焊透		母材金属未熔化（焊接电流较小）	磁粉探伤只能发现较浅的未焊透，磁痕松散，较宽
气孔		焊缝上的气孔是焊接过程中，气体在熔化金属冷却之前未及时排出而保留在焊缝中的孔穴，多呈圆形或椭圆形	磁痕呈圆形或椭圆形，宽而模糊，显示不太清晰，磁痕的浓度与气孔的深度有关

缺陷名称	缺陷特征	磁痕特征
夹杂	在焊接过程中熔池内未来得及浮出而残留在焊接金属内的焊渣，多呈点状或粗短条状	磁痕宽而不浓密

缺陷磁化的观察除能确认磁痕是由于工件材料局部磁性不均或操作不当造成的外，其他磁痕显示应作为缺陷处理。辨认细小磁痕采用 2～10 倍放大镜进行观察。

磁痕显示分为相关显示、非相关显示和伪显示。其中，长度和宽度之比大于 3 的缺陷磁痕，按条状磁痕处理，长度与宽度之比小于 3 的缺陷磁痕，按圆形磁痕处理。

缺陷磁痕长轴方向与工件（轴类或管类）轴线的夹角大于或等于 30°时，按横向缺陷处理，其他按纵向缺陷处理。两条或两条以上磁痕在同一直线上且其间距不大于 2mm 时，按一条缺陷处理，其长度为各磁痕长度加间隙长度之和。长度小于 0.5mm 的磁痕可以不计。

焊件磁粉检测要求不允许存在任何裂纹和白点。紧固件和轴类零件不允许任何横向缺陷。质量分级见表 5-21 和表 5-22。

表 5-21　焊接接头磁粉检测质量分级

等级	线性缺陷磁痕	圆形缺陷磁痕评定（框尺寸为 35mm×100mm）
I	不允许	$d \leqslant 1.5$，且在评定框内不大于 1 个
II	不允许	$d \leqslant 3.0$，且在评定框内不大于 2 个
III	$L \leqslant 3.0$	$d \leqslant 4.5$，且在评定框内不大于 4 个
IV		大于 III 级

注：L 表示线性缺陷磁痕长度，mm；d 表示圆形缺陷磁痕直径，mm。

表 5-22　受压加工部件和材料磁粉检测质量分级

等级	线性缺陷磁痕	圆形缺陷磁痕评定（框尺寸为 35mm×100mm）
I	不允许	$d \leqslant 2.0$，且在评定框内不大于 1 个
II	$L \leqslant 4.0$	$d \leqslant 4.0$，且在评定框内不大于 2 个
III	$L \leqslant 6.0$	$d \leqslant 6.0$，且在评定框内不大于 4 个
IV		大于 III 级

注：L 表示线性缺陷磁痕长度，mm；d 表示圆形缺陷磁痕直径，mm。

圆形缺陷评定区内，同时存在多种缺陷时，应进行综合评级。对各类缺陷进行分别评级，选取质量级别的最低级别为综合评定级别；当各类质量评定级别相同时，则降低一级为综合评定级别。

工件上的磁痕有时需要保存下来，作为永久性记录。记录磁痕一般采用以下方法：照相、贴印、橡胶铸型、摹绘和可剥性涂层。

用照相法记录缺陷磁痕时，要尽可能拍摄工件的全貌和实际尺寸，也可以拍摄工件的某一特征部位，同时把刻度尺拍摄进去。贴印是利用透明胶纸粘贴复印磁痕的方法。用磁粉探伤-橡胶铸型法镶嵌缺陷磁痕显示，直观、擦不掉并可长期保存。摹绘是在草图上或表格上摹绘缺陷磁痕显示的位置、形状、尺寸和数量。可剥性涂层是在工件表面有缺陷磁痕处喷上一层快干可剥性涂层，干后揭下保存。

　　由于磁粉检测所使用的方法、设备和材料不同，会使检测结果不同。验收级别不同，会影响验收/拒收的结论。全部检验结果均需记录，记录应能追踪到被检验的具体工件和批次。

　　磁粉检测相关的国际标准有 ISO 17638：2003《焊缝无损检测—磁粉检测》、ISO 23278：2009《焊接接头的磁粉检测—验收等级》等，ISO 23278 标准中显示的验收等级见表 5-23。

表 5-23　显示的验收等级（摘自 ISO 23278：2009）

显 示 类 型	验收等级[①]		
	1	2	3
线性显示（l 为显示长度）	$l \leqslant 1.5$	$l \leqslant 3$	$l \leqslant 6$
非线性显示（d 为主轴尺寸）	$d \leqslant 2$	$d \leqslant 3$	$d \leqslant 4$

[①] 验收等级 1 和 2 可规定冠以×，以表示所检出的各种线性显示应按 1 级评定。但小于原验收等级所示值的显示，其检出率可能较低。

参 考 文 献

[1] 朴东光. 焊接领域的标准化及合格评定——现状与未来 [J]. 焊接, 2006 (6): 27-34.

[2] 李连胜, 方乃文, 李爱民, 等. 中国焊接协会团体标准制定 [J]. 焊接, 2018 (8): 58-61.

[3] 孙明辉. 国内外焊接标准化情况对比及思考 [J]. 焊接技术, 2019 (8): 87-90.

[4] 曾正明. 实用钢铁材料手册 [M]. 2 版. 北京: 机械工业出版社, 2007.

[5] 哈尔滨焊接技术培训中心. 国际焊接工程师 (IWE) 培训教程 第二分册: 材料及材料的焊接行为 [M]. 哈尔滨, 2019.

[6] EN 10025-3. 正火细晶粒结构钢 [S]. 2004.

[7] EN 10025-4. 热机械轧制细晶粒结构钢 [S]. 2004.

[8] EN 10025-6. 调质细晶粒结构钢 [S].

[9] 王宗杰, 藏汝恒, 李德元. 工程材料焊接技术问答 [J]. 北京: 机械工业出版社, 2002.

[10] 国家质量监督检验检疫总局. 锅炉压力容器压力管道焊工考试与管理规则 [S]. 2002.

[11] 国家技术监督局. GB 150—1998 钢制压力容器 [S]. 1998.

[12] 田争. 有色金属材料国内外牌号手册 [M]. 北京: 中国标准出版社, 2006.

[13] ISO 3834: 2005 金属材料熔化焊质量要求 [S].

[14] ISO 15609: 2004 金属材料焊接工艺规程及评定 [S].

[15] ISO 14731 焊接责任人员—职责与职务 [S]. 2006.

[16] 哈尔滨焊接技术培训中心. 国际焊接工程师 (IWE) 培训教程 第四分册: 焊接生产及应用 [M]. 哈尔滨, 2019.

[17] ISO/TR 15608: 2005 焊接—金属材料的分类指南 [S].

[18] ISO 15614: 2004 金属材料焊接工艺规程及评定—焊接工艺试验 [S].

[19] EN 15085 轨道应用—轨道车辆及其部件的焊接 [S]. 2007.

[20] ISO 9606-1: 2012 焊工考试—熔化焊—第一部分: 钢 [S].

[21] NB/T 47013.7—2012 承压设备无损检测 第 7 部分: 目视检测 [S].

[22] GB 150.4—2011 压力容器 第 4 部分: 制造、检验和验收 [S].

[23] SY/T 4103—1995 钢质管道焊接及验收 [S].

[24] TSG Z6002 特种设备焊接操作人员考核细则 [S]. 2010.

[25] SL 35 水工金属结构焊工考试规则 [S]. 2011.

[26] ASME 第Ⅸ卷焊接和钎焊评定 [S]. 2007.

[27] SY/T 4103—2006 钢制管道焊接及验收 [S].

[28] SY/T 0452—2012 石油天然气金属管道焊接工艺评定 [S].

[29] 房务农. 承压设备焊接工艺评定重点问题研讨 [J]. 压力容器, 2010, 3: 46-51.

[30] 戈兆文, 郑钧, 许卫荣. 长输管道焊接工艺评定标准分析及建议 [J]. 压力容器, 2010, 8: 2-5.

[31] 程茂. 天然气长输管道工程焊接工艺评定标准对比及选用 [J]. 中国特种设备安全, 2015, 9: 31-37.

[32] 迟祥, 等. 国内外固定式压力容器建造标准比较 [J]. 化工设计, 2016, 26 (1): 26-29.

[33] 李树军, 牛晓光, 王志永, 等. 电站锅炉压力容器焊缝制造质量的无损检测 [J]. 河北电力技术, 2009, 3 (12): 3-6.

[34] 吴贵民. 压力容器无损检测技术研究 [J]. 现代商贸工业, 2009, 13 (2): 2-3.

冶金工业出版社部分图书推荐

书　名	作　者	定价（元）
钢铁标准化实用手册	王丽敏	68.00
钒钢板带材国内外标准手册	杨才福　等	168.00
国内外有色金属标准目录2018	中国有色金属工业标准计量质量研究所	148.00
中国钢铁工业绿色低碳发展路径	李新创	145.00
钢铁全流程超低排放关键技术	李新创	98.00
绿色智能新一代流程钢厂	王新东	278.00
中国废钢铁	中国废钢铁应用协会	279.00
中国特殊钢	钱　刚	358.00
中国不锈钢	李建民　梁剑雄　刘艳平	269.00
中国螺纹钢	杨海峰	298.00
轧钢过程节能减排先进技术	康永林　唐荻	136.00
钢铁原辅料生产节能减排先进技术	李红霞	125.00
钢铁工业绿色制造节能减排技术进展	王新东　于勇　苍大强	116.00
钢铁轨迹	于勇	115.00
电站金属部件焊接修复与表面强化	刘晓明	59.00
先进汽车用钢激光焊接	王晓南　孙茜　邸洪双	89.00
锡焊料合金制造工艺技术手册	严孝钏	88.00
激光拼焊焊缝预成型技术	陈东　解学科	60.00
镀锌焊接钢结构制造	赵兴科	49.00
钢铁企业标准化管理体系	那宝魁	69.00
有色金属行业职业技能标准汇编	本书编委会	198.00
双碳背景下能源与动力工程综合实验	杜涛　叶竹	47.00
创新方法教程	郭菁　李军丽　滕莹雪	36.00
机场工程测量	陶彬　吕磊　赵子龙	49.00
选矿机械振动学	王新文　于驰　赵国锋　等	46.00